高等院校信息技术规划教材

计算思维导论

——一种跨学科的方法

李 暾 编著

清華大学出版社
北 京

内容简介

本书兼顾计算机科学基础知识和计算思维，以通俗易懂的方式介绍计算思维如何应用于各学科领域(含计算机科学)解决问题。本书以 Python 作为实践语言，展现利用计算思维解决问题方法的实现。通过这种跨学科应用问题求解的学习和实践，希望培养学生主动在各专业学习中利用计算思维的方法和技能，进行问题求解的能力和习惯，并能动手解决具有一定难度的实际问题。

本书适合作为高等院校计算机及相关专业的教材，也可以作为计算思维爱好者的读物。

图书在版编目(CIP)数据

计算思维导论：一种跨学科的方法/李暾编著. --北京：清华大学出版社，2016 (2023.8重印)
高等院校信息技术规划教材
ISBN 978-7-302-44225-7

Ⅰ.①计…　Ⅱ.①李…　Ⅲ.①计算机科学－高等学校－教材　Ⅳ.①TP3

中国版本图书馆 CIP 数据核字(2016)第 152473 号

责任编辑：白立军
封面设计：傅瑞学
责任校对：焦丽丽
责任印制：曹婉颖

出版发行：清华大学出版社
　　网　　址：http://www.tup.com.cn，http://www.wqbook.com
　　地　　址：北京清华大学学研大厦 A 座　　**邮　　编**：100084
　　社 总 机：010-83470000　　**邮　　购**：010-62786544
　　投稿与读者服务：010-62776969，c-service@tup.tsinghua.edu.cn
　　质量反馈：010-62772015，zhiliang@tup.tsinghua.edu.cn
　　课件下载：http://www.tup.com.cn，010-62795954
印 装 者：三河市龙大印装有限公司
经　　销：全国新华书店
开　　本：185mm×260mm　　**印　　张**：14.5　　**字　　数**：330 千字
版　　次：2016 年 9 月第 1 版　　**印　　次**：2023 年 8 月第 4 次印刷
定　　价：49.00 元

产品编号：069156-02

前言

Foreword

从 2008 年开始，以**计算思维**的培养为主线开展计算科学通识教育，逐渐成为国内外计算机基础教育界的共识。2010 年首届“钱学森创新拓展班”开始，作者就不断地在“大学计算机基础”课程中尝试计算思维基本概念、能力和技能的讲授以及能力培养。通过调整课时和授课内容比例，不断加大计算思维内容的比重。经过近 5 年的摸索，对计算思维的教学内容、授课方式、实践环节等有了很清楚的认识，形成了明确的思路，积累了大量的资料，才有了本书的成书。

编写本书的指导思想是兼顾计算机科学基础知识和计算思维，以计算思维授课内容为主，将原来的数据表示、计算机硬件、网络等知识穿插进来，选择 **Python** 作为实践语言，授课内容更偏重于计算思维如何应用于各领域解决问题，各领域包括计算机科学领域。实践内容将在授课内容的基础上进行拓展，并要求运用 Python 及相关的配套库进行问题求解练习。最终，我们希望通过这种跨学科应用求解的讲授和实践，培养学生在理解计算机系统的基础上，主动在各自专业学习中利用计算思维的方法和技能，进行问题求解的能力和习惯，能动手解决具有一定难度的实际问题。

考虑到对大部分学生来说，“大学计算机基础”课可能是大学期间的少数几门计算机科学相关课程之一，因此，本讲义更强调广度，涉及很多领域，使得学生在今后的学习、生活和工作中碰到问题时，可以考虑该问题是否能有**计算的**解决方法，并能借助计算思维和计算装置完成任务。本书在选择应用领域和案例时，着重在那些易于理解、不需要掌握算法和程序设计就能解决的问题上，因此，本书不会讲解算法，而是着重于如何利用计算思维理解和解决问题，展现计算思维在问题求解、系统构造、理解人类行为等方面发挥的重要作用。

本书的主要目标是帮助读者理解和掌握计算思维解决问题的基本方法和技能，并能较为熟练地应用这些方法和技能有效地解决其他问题。通过本课程的学习，将学会如何利用计算思维构造问题求解框架、如何对问题进行抽象和建模、如何将数学或物理上的模型转换为能自动执行的模型等。总之，理解和掌握计算思维及计算机问题求解的艺术。

本书适用于计算机专业和非计算机专业一年级新生，不要求有计算机程序设计经验，并且也不是以程序设计为主要内容，而是要求学生专注于理解计算思维求解问题的方法和技能。一些Python语言基础知识的介绍是帮助学生阅读和理解讲义中给出的Python程序，并能在理解的基础上，对这些程序进行小修改就能实践自己的问题求解方法。

本讲义的内容分为三部分，强调系统化的问题求解和计算思维两个A(Abstraction & Automation)的威力。

(1) 第一部分是计算导论，介绍计算思维的基本概念和基本技能、计算机问题求解的方法和本质，以及Python语言简介。

(2) 第二部分结合计算机科学相关的知识，探讨计算思维在这些问题的解决上的体现，以及一些基本的问题求解策略。

(3) 第三部分结合一些实际的应用背景和热点话题，介绍计算思维在解决实际问题上的体现。

通过本书的学习，希望读者最后将能：

(1) 列出计算思维的基本概念，较为熟练地利用本书所讲计算思维技术进行问题求解。

(2) 说出计算思维和计算机问题求解的本质。

(3) 能用程序设计语言，如Python，表达计算。

(4) 能利用系统化的问题求解方法，完成从规划问题求解步骤，到用程序正确地表达计算整个完整的问题求解过程。

(5) 掌握一些常用的计算方法和计算工具，如随机方法、图、模拟等。

(6) 列出一些计算思维在各领域的应用案例，以及计算思维在其中发挥的重要作用。

由于本书编写时间仓促，加之作者水平有限，书中难免出现谬误，恳请读者不吝赐教。

编　者

2016年5月

目录 Contents

第一部分 计算思维导论

第1章 计算概论 …… 3

1.1 计算 …… 3
1.2 小结 …… 9
习题 …… 9

第2章 Python简介 …… 10

2.1 Python基本元素 …… 10
2.1.1 对象、表达式和数值类型 …… 11
2.1.2 变量和赋值 …… 12
2.2 分支语句 …… 14
2.3 str类型与输入 …… 15
2.4 循环 …… 16
2.5 内置数据结构 …… 18
2.5.1 列表 …… 18
2.5.2 元组 …… 20
2.5.3 字典 …… 22
2.6 函数 …… 22
2.7 文件 …… 25
2.8 小结 …… 26
习题 …… 26

第3章 计算思维与计算机问题求解 …… 29

3.1 计算思维 …… 29
3.2 计算机问题求解 …… 32

3.3 算法复杂度 …… 36
3.4 计算机问题求解的核心方法 …… 38
3.5 小结 …… 42
习题 …… 42

第二部分 计算机科学篇

第4章 递归 …… 49
4.1 定义及应用 …… 49
4.2 递归与数学归纳法 …… 53
4.2.1 最大子集问题 …… 53
4.2.2 排序 …… 56
4.3 动态编程 …… 58
4.4 小结 …… 60
习题 …… 60

第5章 信息、信息表示及处理 …… 62
5.1 信息论基础 …… 62
5.2 信息的数字化 …… 64
5.2.1 数值的数字化 …… 65
5.2.2 字符的数字化 …… 67
5.2.3 声音的数字化 …… 69
5.2.4 图像的数字化 …… 70
5.3 数据压缩 …… 71
5.3.1 Huffman 编码 …… 72
5.3.2 Python 实现 …… 75
5.4 信息加解密 …… 78
5.5 小结 …… 87
习题 …… 87

第6章 面向对象程序设计 …… 89
6.1 Python 面向对象基础 …… 90
6.2 一个实际的例子：按揭贷款 …… 94
6.3 数据的图形化 …… 97
6.4 小结 …… 102
习题 …… 102

第7章　计算机系统 …… 103

7.1　概述 …… 103
7.2　数字电路 …… 105
　7.2.1　逻辑门的建模与模拟 …… 106
　7.2.2　加法器 …… 110
　7.2.3　存储电路 …… 113
7.3　计算机硬件系统 …… 115
7.4　小结 …… 121
习题 …… 121

第8章　图灵机与图灵测试 …… 123

8.1　图灵机 …… 123
8.2　图灵测试 …… 129
　8.2.1　正则表达式简介 …… 131
　8.2.2　简单图灵测试程序 …… 133
8.3　小结 …… 138
习题 …… 138

第三部分　应　用　篇

第9章　模拟、概率与统计 …… 143

9.1　随机与概率 …… 143
9.2　数据分布 …… 152
9.3　正态分布与置信区间 …… 155
　9.3.1　均匀分布 …… 156
　9.3.2　指数分布 …… 156
　9.3.3　几何分布 …… 156
　9.3.4　Benford 分布 …… 158
9.4　随机数生成 …… 160
9.5　小结 …… 170
习题 …… 170

第10章　蒙特卡洛模拟方法 …… 172

10.1　概述 …… 172
10.2　初探——模拟赌局 …… 173

10.3 计算 π …… 177
10.4 游荡的醉汉 …… 179
10.5 高手赢面就大吗 …… 188
10.6 小结 …… 192
习题 …… 193

第 11 章 数据分析概览 …… 194

11.1 概述 …… 194
11.2 乳腺癌的诊断 …… 195
11.3 小结 …… 204
习题 …… 204

第 12 章 排队问题 …… 205

12.1 排队论基础 …… 205
12.2 SimPy 简介 …… 207
12.3 需要多少小便斗 …… 216
12.4 小结 …… 222
习题 …… 223

第一部分
计算思维导论

本部分是本书的基础部分，介绍与计算相关的基础知识，包括计算的概念、计算思维与计算机问题求解，以及 Python 语言。通过本章的学习，应能：

(1) 说出计算、计算的解、算法等基本概念；

(2) 列出计算思维的核心概念、计算机问题求解的基本步骤；

(3) 说出计算机问题求解的核心思想，并能用算法效率概念尝试改进算法；

(4) 能看懂 Python 程序，会编写简单的 Python 程序。

第1章 chapter 1

计算概论

从小学开始，“计算”这个词就不断出现在日常生活、数学作业中，如“苹果 18 元一斤，算一下买 3 斤苹果要多少钱”。那么，计算与计算机系统之间的关系是什么呢？本章将围绕计算展开相关基础知识的介绍。

1.1 计　　算

对计算买苹果要多少钱的问题，一般可用两种方法进行解答：一是 3 个 18 相加，二是 18 乘以 3。对第一种方法，通常列出竖式，个位与个位对齐，十位与十位对齐。然后将个位上的 3 个 8 相加，得到 24，直接在结果的个位写上 4，2 进位到十位，与 3 个 1 相加得到 5，结果为 54。对第二种方法，也可列竖式，首先将 18 的个位 8 与 3 相乘，得到 24，将 4 写到结果的个位上，2 进位到十位，十位的 1 与 3 相乘得 3，与进位的 2 相加得 5，结果也为 54。当然，这样的问题也可直接用计算器求解，输入 18×3 就能得到结果。从这个例子，可以看出计算的一些特性，可将其定义为如下。

定义 1-1 **计算**指的是根据已知条件，从某一个初始点开始，在完成一组良好定义的操作序列后，得到预期结果的过程。

对这个定义，有以下两点需要注意。

(1) 计算的过程可由**人**或**某种机器**执行。

(2) 同一个计算可由不同的**技术**实现。

在人类历史上，计算的作用受到了人脑运算速度和手工记录计算结果的制约，使得能通过计算解决的问题规模非常小。相对于制约计算的人的因素，计算机非常擅长于做(也只能做)两件事情：运算、记住运算的结果。随着**计算机**(Computer)的出现，以及计算机运算速度的不断提高，能通过计算解决的问题越来越多、问题规模也越来越大，即越来越多的问题被证明存在**计算的解**(Computational Solution)。所谓有计算的解，指的是对某个问题，能通过定义一组操作序列，按照该操作序列行为能得到该问题的解。

一般来说，知识可分为陈述性的知识或过程性的知识。**陈述性知识**(Declarative Knowledge)是对事实的描述。例如，“x 的平方根是一个数 y，使得 $y \times y = x$”。但是，从平方根的描述，无法知道如何去求某数的平方根。而**过程性知识**(Imperative Knowledge)描述的是“如何做”，或演绎信息的动作序列。例如，古希腊亚历山大里亚的数学家希罗第一次给出了一种计算平方根的方法，描述如下。

(1) 对给定的数 x，猜测其平方根为 g。

(2) 如果 $g\times g$ 足够逼近 x，停止，并报告 g 就是 x 的平方根。

(3) 否则，用 g 和 x/g 的平均值作为新的猜测。

(4) 该新的猜测，仍称其为 g，重复上述过程，直到 g 足够逼近 x。

例如，用上面的方法求 49 的平方根，计算过程如下。

(1) 猜测 49 的平方根为 6，即 g 为 6。

(2) $6\times6=36$ 不够逼近 49。

(3) 令 $g=(6+49/6)/2=7.0833$。

(4) $7.0833\times7.0833=50.17$，不够逼近 49。

(5) 令 $g=(7.0833+49/7.0833)/2=7.00049$。

(6) $7.00049\times7.00049=49.007$，已足够逼近 49。停止，并称 7.00049 足够近似于 49 的平方根。

希罗求平方根的方法是由一组简单动作的序列，以及规定每一个动作何时执行的控制构成的。这就是计算定义中所指的“一组良好定义的操作序列”，又称为**算法**(Algorithm)。

定义 1-2 **算法**是求解**问题类的**、**机械的**、**统一的**方法，它由有限个步骤组成，对于问题类中的每个给定的具体问题，**机械地**执行这些步骤就可以得到问题的解答。

可以用两数加法的运算方法来理解算法的概念。数的个数是无限的，因此可能要做的加法也是无限次的。但是无论做多少次加法，做加法的方法是不会变的。因此，做加法的方法是一种运用有限的规则应对无限可能情况的方法！算法正是这样一种方法，它是用来解决一类问题的。

与菜谱类似——按照这些步骤就能做出这道菜——可将算法理解为遵循这些步骤，就能解决你的问题。利用一组良好定义的序列来解决问题的思路可上溯到古希腊、波斯和中国古代，例如，古希腊数学家欧几里得在公元前三世纪，就提出了寻求两个正整数的最大公约数的“辗转相除”算法，该算法被人们认为是史上第一个算法。Algorithm 一词来源于波斯学者 Muhammand ibn Musa al-Khwarizmi 的名字，他定义了加减乘除等运算的过程，按上述定义，这些过程即为算法。

算法通常具有五大特征。

(1) 输入：一个算法必须有零个或零个以上输入量，用于描述要解决的问题。

(2) 输出：一个算法应有一个或一个以上输出量，输出量是算法计算的结果。

(3) 明确性：算法的每个步骤都必须精确地定义，拟执行的动作的每一步都必须严格地、无歧义地描述清楚，以保证算法的实际执行结果精确地符合要求或期望。

(4) 有限性：算法在有限个步骤内必须终止。

(5) 有效性：又称为可行性或能行性，是指算法的所有运算必须是充分基本的，因而原则上人们使用笔和纸可在有限时间内精确地完成它们。

算法描述了对数据进行加工处理的顺序和方法，从上面希罗算法的例子可以看出，动作难以严格按照所给顺序一个一个地进行，不可避免地会遇到需要进行**选择**或不断**重**

复的情况。通常使用**顺序结构**、**选择结构**和**循环结构** 3 种**控制结构**来组织算法中的动作。

(1) 顺序结构：算法的各个动作严格按它们的先后顺序依次执行，前一个动作执行完毕后，顺序执行紧跟在它后面的动作步骤。

(2) 选择结构：提供了一种根据判断的不同结果，分别执行不同的后续操作的控制机制。

(3) 循环结构：通常包括**循环控制条件**和**循环体**。循环控制条件描述了循环反复执行的条件，而循环体则描述了每次循环如何对数据进行处理的动作(序列)。

已经证明，任何算法都可用这 3 种结构描述，即这 3 种结构是组织算法动作的最小集合。

算法规定的动作序列可由人或机器来执行。以求平方根方法为例，当人来执行时，首先要能理解所描述的各动作的含义：第(1)步的“猜测”、第(2)步的“乘”和“足够逼近”、第(3)步的$(g+x/g)/2$等运算，以及第(4)步“重复”等的含义。其次，在理解这些含义的基础上能做相应的动作，即能完成“猜测某个数并用符号 g 表示”、“乘法运算”、“加法运算”、“除法运算”，以及“回到第(2)步开始执行”等动作。最后，要能够根据动作序列，自动化、机械地完成序列的执行，这包含两个方面的机制：一是记住了(在脑海中或在纸上)当前执行的动作，以及知道下一步该执行哪一步动作；二是记住了(在脑海中或在纸上)中间结果(如不同时刻 g 的值)。

与此类比，如果能设计一台机器，该机器能像人一样“理解”动作的含义、“执行”相应的动作(即能实现乘、除、加、比较和重复等操作)、能记住正在执行的和下一步要执行的动作序列，以及能记住相应的中间结果，那么，就能用这台机器代替人来进行求平方根的运算。通常称这样的机器为**固定程序计算机**(Fix-program computer)，即只能做特定事情的机器。事实上，很多早期的计算机都是这类计算机，如图灵的 Bombe 机器，只能破解德军 Enigma 密码，而不能做别的事。

那么，人除了能完成求平方根的计算，还能执行其他的计算序列吗？当然能，前提是列出的计算序列中的动作是能被人理解、并且人有能力做的动作。再结合“记住”的能力，人就能自动地、机械化地执行其他的计算了。

与固定程序计算机不同，第一台真正的现代计算机 Mark I 被称为**存储程序计算机**(Stored-program computer)。该计算机实现了**冯·诺依曼体系结构**，如图 1-1 所示。在该体系结构中，计算机由 5 部分组成：存储器、运算器、控制器、输入设备和输出设备。冯·诺依曼体系结构通常提供一组最基本的**指令**(“动作”)集合，称为**指令集**。能执行这些指令的执行机构称为**运算器**，运算器能进行的操作通常是算术运算和逻辑运算。**存储器**用于保存用指令集内指令编写的指令序列(即**程序**)，以及其操作的对象(即**数据**)。运行指令序列(程序)时，在**控制器**控制下，首先从存储器读入指令和数据，其次对读入的指令进行理解，最后控制运算器执行相应的动作以对数据进行操作。控制器还可控制从输入设备读入数据，以及向输出设备输出数据。

在实现上，通常将运算器和控制器集中在一起，构成**中央处理器**(Central Processing Unit, CPU)，它是现代计算机的“大脑”。CPU 中还包括各类**寄存器**，用于保存计算过程

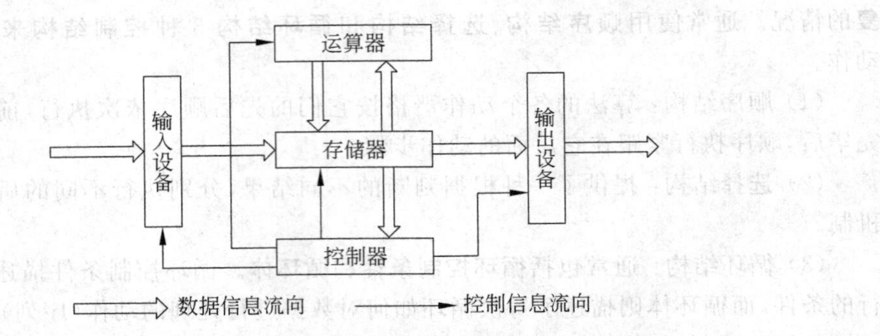

图 1-1 冯·诺依曼体系结构

的中间结果。存储器是分层次的——分为**主存**和**辅存**两层,CPU 只能直接访问保存在主存中的数据。主存的访问速度很快,但保存的数据是**易失性**的,即关闭计算机电源后,其保存的数据就丢失了。辅存的访问速度相对慢很多,但其存储的数据是**永久性**的,通常利用磁介质等保存数据,如个人电脑的硬盘、光盘、USB 盘等。**输入输出**设备是计算机与外界的联系通道,类型多种多样,如用于用户输入的鼠标和键盘,用于输出的显示器,以及用于长期存储数据和程序的磁盘等。除这些部件外,现代计算机通常利用总线连接计算机各部件,**总线**(Bus)是一组电子管线,它负责在各个部件之间传递信息。

冯·诺依曼体系结构的核心思想——**存储程序**——使得计算机变得通用和可编程,即能通过编写不同的程序,很容易地使计算机具备不同的功能。存储程序指的是将动作序列转换成用指令集内指令编写的程序,然后将程序及其操作的数据一起保存于存储器中(二进制形式),利用 CPU 中的**程序计数器**(Program Counter)指向将要执行的指令在内存中的位置,用控制器从该位置取指令执行,然后自动更新程序计数器指向下一要执行指令的位置,以此实现程序的自动执行。将程序与数据以同样的形式存储于主存中的特点,对于计算机的自动化和通用性,起到至关重要的作用。甚至可以说:现代计算机是一个在可更换的程序控制下存储和处理信息的机器。在冯·诺依曼体系结构形成之前,人们将数据存储于主存中,而程序被看成是控制器的一部分,两者是区别对待和处理的,由此每台机器只能完成固定的任务,而不是通用和可编程的。

指令是计算机执行的最小单位,由**操作码**和**操作数**两部分构成,如图 1-2(a)所示。

操作码	操作数(参加运算的数据、结果数据或这些数据的地址)

(a) 指令格式

15	14	13	12	11	10	9	8	7	6	5	4	3	2	1	0
0	0	0	1	1	1	0	0	1	0	0	0	0	1	1	0
	ADD				R6			R2						R6	

(b) 加运算的机器指令形式

ADD R6, R2, R6

(c) 加运算的汇编指令形式

图 1-2 指令

操作码表示指令的功能，即执行什么动作，操作数表示操作的对象是什么，例如，寄存器中保存的数据。计算机能识别的指令是由0和1构成的字串，称为**机器指令**。图1-2(b)给出了某款CPU的加法指令的示意图。机器指令适合于机器理解，但是，不适合人使用。因此，在指令中引入了助记符表示操作码和操作数，以帮助人理解和使用指令。这样的指令称为**汇编指令**，如图1-2(c)所示。

CPU中的程序计数器是一个寄存器，保存内存中待执行程序某条指令的位置(称为**地址**)。开始执行程序时，程序计数器指向程序的第一条指令，在执行第一条指令的同时或之后，程序计数器会自动"加1"，指向第二条指令，以此方式依次逐条执行程序中的指令。但是程序计数器并不总是"加1"，有时会根据某条指令的运行结果，"跳转"指向程序中一条其他的指令，而不是指向顺序的下一条指令。此时，程序将从程序计数器所指向的其他指令处开始执行，这种跳转称为**控制流**，是利用简单的指令编写出复杂行为程序的必要机制。

综上可知，离开了各种各样的程序，计算机自身无法完成各种任务，但是在各种程序的指挥下，计算机几乎能干任何事情。即在人的指挥下，计算机几乎什么都能干！好的程序员能利用给定的机器指令集编写出各种各样有用的程序，这也是**程序设计**(Programming)的魅力所在。

机器指令和汇编指令又分别称为**机器语言**和**汇编语言**，它们非常贴近于计算机，不适合人用来编写程序。目前，人们常常用C/C++、Java、Python这类**高级语言**编写程序。此时，需要一个**编译器**或**解释器**将高级语言转化为计算机能理解的指令。

(1) 编译器的功能是将高级语言编写的程序翻译成等价的机器语言，使其能直接在计算机上运行。其运行模型如图1-3所示。

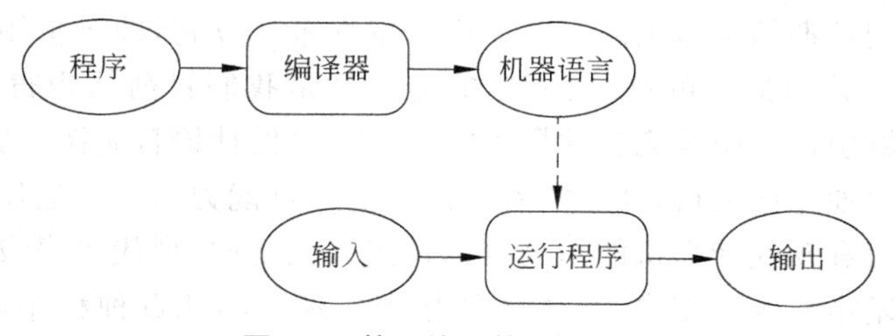

图1-3 基于编译的程序执行

(2) 解释器模拟一台能理解某高级语言的计算机，并在这台模拟出来的计算机上，以逐条执行程序语句的方式，来运行程序。其运行模型如图1-4所示。

机器语言、汇编语言和高级语言统称为**程序设计语言**(Programming language)。本书采用Python语言作为示例和实践语言。

程序设计语言的定义由3个方面组成，即语法、语义和语用。**语法**定义了一个程序的组成结构或组织形式，即构成语言的各个部分之间的组合规则，但不涉及这些部分的特定含义，也不涉及使用者。如在英语中"Cat dog boy"是不满足语法的句子，因为英语语法中未定义形为"＜Noun＞＜noun＞＜noun＞"的句子。又例如，Python表达式的3.2+3.2的语法是正确的，但是3.2 3.2的语法是不正确的。**语义**表示满足语法的程序

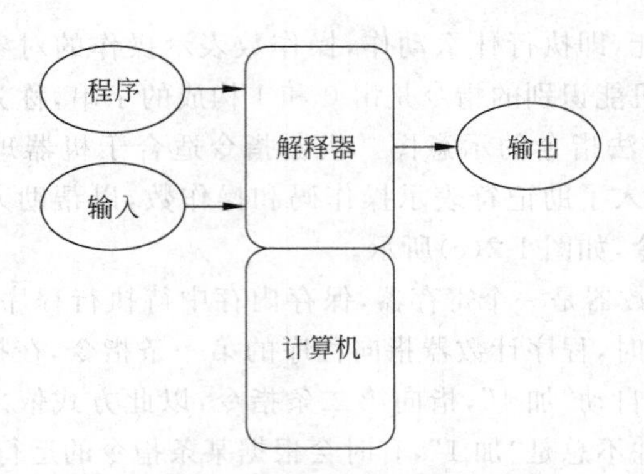

图 1-4　程序的解释执行模型

的含义，即各个语法单元的特定含义。如"I was born on the 30th February"，语法上是正确的，但是语义上是错误的，因为 2 月没有 30 号。又例如，Python 表达式 3.2/'abc'语法上是正确的，但是语义上是错误的，因为 Python 的语义定义不允许用一个数去除以一个字符串。

至此可进一步思考这样一些问题：世界上所有的问题是否都是**可计算的**（有计算的解）？程序设计语言的能力是否有强弱之分？1936 年，英国数学家阿兰·图灵在其论文"论可计算数以及在确定性问题上的应用"（*On computable numbers, with an application to the Entscheidung problem*）中，描述了一类计算装置——图灵机。图灵机用无限长的纸带表示无限的内存，在纸带上可以写上 1 和 0，以及其他的非常简单的基本指令控制对纸带的移动、读、写等操作。图灵机是一个通用的、抽象计算模型，它产生了计算的形式概念，即所谓**图灵可计算性**。**丘奇图灵论题**指出：**如果**一个函数是**可计算的**（即能用一组动作序列从输入得到预期结果），则能在图灵机上编程来计算它，即**一个函数是可计算的当且仅当它是图灵可计算的**。可见，图灵机的能力就是我们目前认识得到的"计算"的极限。丘奇图灵论题引出了**图灵完备性**概念。一种程序设计语言是图灵完备的，意味着它能被用来模拟一台通用图灵机，即意味着该语言的计算能力与一个通用图灵机相当。所有的通用编程语言和现代计算机的指令集都是图灵完备的，现代程序设计语言都提供了比通用图灵机的基本指令更丰富、更方便的指令。现存的几百种程序设计语言中，没有哪一门语言是最好的，因为用一门语言能编写的程序，也能用另一门语言编写，只是难易程度不同，而以计算能力衡量，所有语言在根本上是相等的。

不论采用何种语言、何种方法设计程序，程序设计的核心思想都是如何用给定的指令构造一个指令序列以正确地解决问题。程序设计能使计算机严格地做人们想让它做的事，因此能编写各种有趣而有用的程序，但是，当计算机没有按你的要求做事时，你也只能怪自己没有给计算机正确的命令。

注意，丘奇图灵论题中的"如果"非常重要，它意味着并不是所有的问题都是可计算的。例如：

（1）高考后，选择一所大学作为志愿：你相信计算机会帮你解决这个问题吗？

（2）邀请朋友一起看电影：机器能像人一样挑选朋友并协商好一切吗？

（3）下棋：棋子移动的规则非常简单，但是每次移动棋子时，可选的移动方案太多了，如国际象棋移动棋子时有 10^{43} 个选择，超级计算机每秒能评估 10^{12} 个移动，这也需要 10^{21} 年才能评估所有的方案。

(4) 停机问题：能否编写一个程序判断其他的程序是否能结束运行？

上述的例子不可计算的原因各不相同，包括有些因素是无法用数字度量的(选大学时大学生活的质量)、评估所有的解是不现实的(下棋时没人能等 10^{21} 年)、数学上是不可能的(停机问题的判定数学上是不可能的)、涉及人的智能(邀请朋友一起看电影目前无法让机器自动完成)。

1.2 小结

本章简要介绍了与计算相关的基础知识。通过本章的学习，需要掌握计算的概念、何为计算的解、计算的解的特征等概念，并对计算机的结构、程序设计语言等有初步的认识，能认识到计算机的能力及其限制。这些知识在后续章节还将展开介绍。

习题

1. 说说你对计算的认识。

2. 1821 年，查尔斯·巴贝奇开始编写航海天文年历，雇用了一组人完成枯燥的填表计算，在一次例行检查中，巴贝奇发现了大量的错误，因此抱怨“I wish to God these calculations had been executed by steam!”，请问，你怎么理解这个抱怨，即为什么巴贝奇这样说？

3. 给出冯·诺依曼体系结构的各组成部分，与人相比，各对应到人的哪些部分？

4. 根据你掌握的知识，列举出 2～3 个有计算的解的问题，并给出其计算的解。

5. 根据你理解和学习的生活经验，列举出 2～3 种不可计算的问题。

6. 从各种计算装置的产生历史背景、产生过程中，你能得出一些什么结论？这些结论对你今后的学习和研究有什么指导意义？能否举一个场景进行说明？

第2章 chapter 2

Python简介

Python是一个高层次的，并结合了解释性、编译性、互动性和面向对象的脚本语言，即通过解释器直接运行Python程序。Python程序具有很强的可读性，具有比其他语言更有特色的语法结构。它是一门既简单又功能强大的编程语言，非常适合程序设计初学者学习。

本书选用Python作为体验计算的载体有以下几方面考虑。首先，不论是从Python的语法，还是对于脚本语言均无须编译直接运行，学习程序设计入门和上手，相对都很简单。在国内外很多大学多门课程中的实践都表明，Python非常适合作为没有程序设计体验的初学者的入门语言。其次，Python提供了好用的、内置的标准库和丰富的、第三方的库/模块，数量众多，涉及领域众多，使得初学者能用很短的程序，实现非常丰富的功能，更利于全方位体验计算。

Python是一门活跃的语言，1990年由Guido von Rossum发明以来，一直在改进。2000年推出Python 2.0版本后，进入一个发展高峰期，越来越多的人开始使用该语言开发软件系统，同时越来越多的人为Python的发展贡献力量。2008年推出了Python 3.0，这个版本对Python 2.0做了很大改进，但是Python 3.0不兼容Python 2.0，因此用Python 2.0编写的程序无法在Python 3.0解释器上运行。Python社区的人做了大量的工作，将很多基于Python 2.0编写的库移植到了Python 3.0上。本书选用Python 3.0进行介绍和实践。

虽然选用Python作为体验计算的语言，但是本书不是一本关于Python程序设计的书。读者应该关心的是如何用计算的方法解决各类问题，而Python只是将计算的解转换成计算机能理解的解的载体，在本书中学到的问题求解策略，可以用其他程序设计语言进行表达。

2.1 Python基本元素

一个Python程序也称为一个**脚本**(script)，是变量定义和命令的序列。程序的执行是由Python**解释器**完成的，Python解释器也称为**Shell**。每运行一个程序通常会创建一个Shell。在学习本节内容时，建议打开一个IDLE，在其中输入本节的程序进行一些尝试。

Python中的命令,也称为**语句**,用于指示解释器做某些事情。下面列出了在IDLE命令提示符下输入语句后,得到的相应结果。下述命令中,>>>是Python解释器的**命令提示符**,表示此时可输入Python命令。

```
>>>print('Hello!')
Hello!
>>>print('World!')
World!
>>>print('Hello ', 'World!')
Hello World!
```

print函数可以接收可变数量的参数,第三条语句就将两个值传递给了print函数,解释器按参数出现的顺序将参数打印出来,并以空格相隔。

2.1.1 对象、表达式和数值类型

对象是Python程序操作的核心,每个对象都有一个**类型**,它规定了程序可以对该类型对象进行哪些操作。类型分为标量的和非标量的。**标量对象**是不可分割的单个对象。**非标量对象**——如字符串(string)——通常不是单个的整体,而是有可分解的内部结构的。

Python有4种类型的标量对象。

(1) int对象用来表示整数。int类型的对象可通过字面直接看出,如3、9001或−72等。

(2) float对象用于表示实数。float类型的对象也可通过字面很容易地看出来,如23.0、9.48或−72.28。也可用科学计数法表示float类型的对象,例如,3.9E3代表3.9×10^3,等同于3900。

(3) bool是用来表示布尔值,即"真"或"假",在Python中分别用常量True和False表示。

(4) None对象表示空值。

对象和**运算符**可以构成**表达式**,表达式运算后会得到一个值,称为**表达式的值**,这个值就是具有某种类型的一个对象。例如,表达式7+2表示int类型的对象9,而表达式7.0+2.0表示float类型的对象9.0。Python中"=="运算符用于比较两个表达式的值是否相等,而"!="运算符用于比较两个表达式的值是否不相等。

要想知道某个对象的类型,可用Python的内置函数type来查询对象的类型,例如:

```
>>>type(3)
<type 'int'>
>>>type(3.0)
<type 'float'>
```

int和float类型的运算符及其说明如下。

(1) i+j：表示对象 i 和 j 的和。如果 i 和 j 都是 int 类型，运算结果为 int 类型；如果至少有一个为 float 类型，结果为 float 类型。

(2) i−j：表示对象 i 与 j 的差。如果 i 和 j 都是 int 类型，运算结果为 int 类型；如果至少有一个为 float 类型，结果为 float 类型。

(3) i*j：表示对象 i 与 j 的乘积。如果 i 和 j 都是 int 类型，运算结果为 int 类型；如果至少有一个为 float 类型，结果为 float 类型。

(4) i//j：表示整数除法。例如，8//2 的值为 int 类型 4，9//4 的值为 int 类型 2，即整数除法只取整数商，去掉小数部分。

(5) i/j：表示对象 i 除以对象 j，无论 i 和 j 的类型是 int 还是 float，结果都为 float，如 10/4 结果为 2.5。

(6) i%j：表示 int 对象 i 除以 int 对象 j 的余数，即数学的“模”运算。

(7) i**j：表示对象 i 的 j 次方。如果 i 和 j 都是 int 类型，运算结果为 int 类型；如果至少有一个为 float 类型，结果为 float 类型。

(8) 比较运算符>(大于)、>=(大于等于)、<(小于)和<=(小于等于)的含义与其在数学上的含义一样。

算术运算符通常有**优先级**。例如，表达式 x+y*2 的计算过程是先算 y 乘以 2，然后将结果与 x 相加。计算的顺序可以使用括号来改变，例如，(x+y)*2 表示先计算 x 加 y，然后将结果乘以 2。

构造表达式要遵循 Python 的语法要求，考查下面的代码：

```
>>>3 3
```

IDLE Shell 会报错，错误信息是“SyntaxError: invalid syntax”。因为 Python 表达式构造规则不允许两个操作数中间不出现运算符，上面的代码两个 3 中间是空格字符，不符合语法规定。这样的错称为**语法错**。这和英语的造句规则是类似的，例如，“I you give a book to”是非法的英语句子，不满足语法规则。

bool 类型上的运算如下。

(1) a and b：与(and)运算，如果 bool 类型对象 a 和 b 都为 True，结果为 True，否则结果为 False。

(2) a or b：或(or)运算，如果 bool 类型对象 a 和 b 至少有一个为 True，结果为 True，否则结果为 False。

(3) not a：非(not)运算，如果 bool 类型对象 a 为 True，结果 a 为 False；如果 a 为 False，结果为 True。

2.1.2 变量和赋值

2.1.1 节中的 3、3.0 等数值又称为**常量**，因为其值在程序运行过程中不能再被改变。与此对应，Python 的**变量**的值在程序运行过程中是可被修改的。可将变量看作是为某个对象起的名字，它提供了名字与对象关联的方式。考虑下面的代码：

```
pi=3.1415926
r=1.2
length=2 * pi * radius
r=24.3
```

这段代码首先用名字 pi 和 r 分别与不同的 float 类型对象 3.1415926 和 1.2 关联。然后，用名字 length 与第三个 float 类型对象 2 * pi * radius 关联，如图 2-1(a)所示。如果该程序继续执行语句 r=24.3，则名字 r 将与另一个 float 类型对象 24.3 关联，如图 2-1(b)所示。

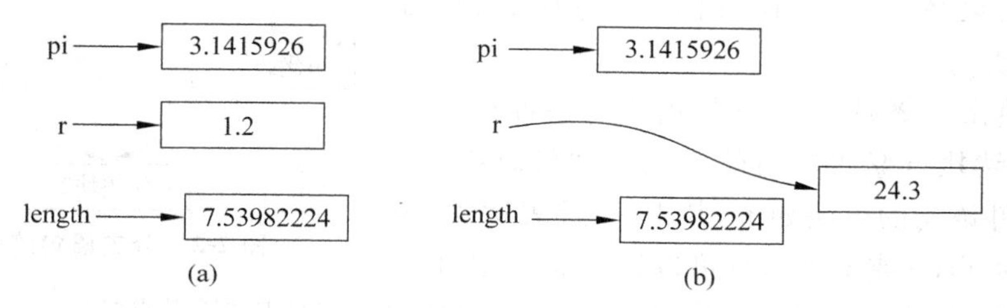

图 2-1　变量与对象关联示意

请记住，在 Python 中，变量是而且仅是一个名字而已。**赋值语句**用赋值运算符"="将右边符号(常量、变量、表达式、函数调用等)所代表的对象与左边的名字进行关联。这种关联不是一对一的，因此，一个对象可以有一个、多个，甚至没有名字与它关联。

Python 语法规定变量名(又称为**标识符**)可以包含大写字母、小写字母和数字(但不能以数字开头)，以及特殊字符"_"(下画线)。Python 中标识符是区分大小写的，例如，R 和 r 是不同的标识符。Python 保留了一些标识符作为**保留关键字**，这些关键字具有特定含义，不能被用作变量名，包括 and、as、assert、break、class、continue、def、del、elif、else、except、exec、finally、for、from、global、if、import、in、is、lambda、not、or、pass、print、raise、return、try、with、while、yield 等。

Python 程序中，符号 # 后同一行的文本称为**注释**，注释是为了增加代码可读性添加的对代码的解释，并不会被 Python 解释器执行。

Python 允许多重赋值，语句"x, y=2, 3"表示将 x 与 2 关联，y 与 3 关联。多重赋值带来很多方便，例如，可用一条语句实现两个变量值的交换，运行下面的代码，可以看到变量 x 和 y 的值进行了交换：

```
x, y=2, 3
x, y=y, x
print('x=', x)
print('y=', y)
```

前面给出的 Python 程序示例都是顺序结构的，程序的执行按照语句出现的顺序从上至下一条接着一条执行，不同的顺序可能得到不同的结果。接下来介绍 Python 如何用分支语句来表示选择结构。

2.2 分支语句

最简单的分支语句是**条件语句**，如图 2-2 所示，它由三部分构成。

(1) 一个条件，即一个值可能为 True 或 False 的表达式。

(2) 如果条件为 True 时执行的代码块，即"if 代码块"。

(3) 如果条件为 False 时执行的代码块，即"else 代码块"。

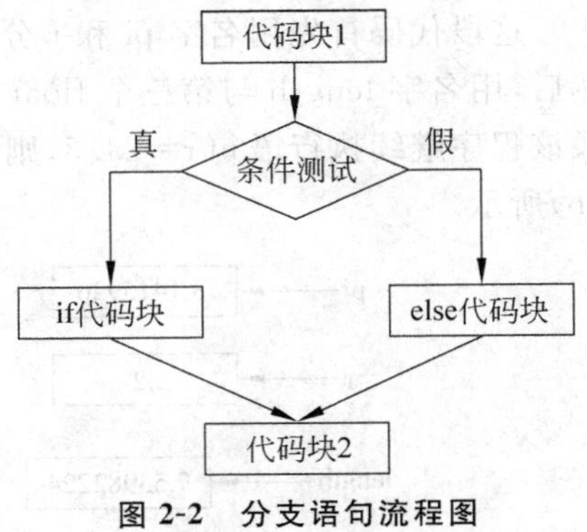

图 2-2 分支语句流程图

代码块由一条或多条语句构成。条件语句执行完后，继续执行紧跟其后的代码，即"代码块 2"。Python 条件语句的语法如下，其中"条件表达式"表示任何值为 True 或 False，且可以跟在关键字 if 后的表达式，"if 代码块"和"else 代码块"分别表示任何可以跟随"if:"或"else:"后的 Python 的语句序列。

```
if条件表达式:
    if代码块
else:
    else代码块
```

下面是条件语句的示例，根据变量 x 的值打印不同的输出，如果变量 x 的值为正数则打印 Positive，否则打印 Negative。

```
if x>=0:
    print('Positive')
else:
    print('Negative')
print('Done with conditional')
```

上面的代码还展示了 Python 语言的一个很重要的元素——**缩进**——即在一行开始前的空格。如上面代码中前两个 print 语句之前添加了空格，相对于 if 和 else 语句向右移动了几个字符，这就是缩进，在 IDLE 编辑器中，当输入"："并按 Enter 键时，会自动加上缩进。

在逻辑行开头的前导空白(空格和制表符)用于确定逻辑行的缩进级别，用来决定语句的分组，意味着同一层次的语句**必须**有相同的缩进，每一组这样的语句称为一个**代码块**。开始缩进表示块的开始，取消缩进表示块的结束。如果上面代码的最后一条语句与语句"print('Negative')"有相同的缩进，则该语句会成为 else 代码块的一部分，而不是条件语句后的代码块。

如果在条件语句的True或False分支语句块中还包含其他的条件语句，称为条件语句的**嵌套**。下面的代码展示了条件语句的嵌套(elif表示“否则，如果”)：

```
if x>=0:
    if x==0:
        print('Zero')
    else:
        print('Positive')
    elif x%3==0:
    print('Negative and divisible by 3')
else:
    print('Negative and not divisible by 3')
```

2.3 str类型与输入

str类型的对象用来表示一串字符，称为**字符串类型**，str类型对象在字面上可用单引号或双引号标识，如'abc'或"abc"。'123'表示的是由字符1、2和3组成的字符串，而不是整数123。

试着在Python解释器输入下面的表达式看看会有什么结果(注意'>>>'是命令提示符，不需要输入)：

```
>>>'c'
>>>3*25
>>>3*'c'
>>>3+5
>>>'c'+'c'
```

上面代码中，运算符+和*被**重载**了，运算符重载指的是根据所关联的操作数的不同，表现出不同的运算功能。例如，当+连接两个整数时，其运算功能是整数加；当连接两个字符串时，其运算功能是字符串拼接运算。而3*'c'的值为'ccc'，等价于'c'+'c'+'c'。

str类型对象的值是一串字符，在Python中称这种类型为**序列**(sequence)类型。所有的序列类型都共有一些操作。

(1) 字符串长度：使用len函数可得到str对象中字符的个数，如len('abc')的结果为3。

(2) 索引：利用索引可以取str对象字符序列特定位置上的字符，需要注意的是，str对象字符序列的索引范围是0～字符串长度－1。例如，'abc'[0]将显示'a'。索引值为正数时，表示从0开始数，即从左往右数；索引值为负数时，表示从“字符串长度－1”处开始数，即从右往左数，例如，'abc'[－1]将显示'c'。

(3) 截取片段：用于从某字符串提取任意长度的子串。如果s是一个字符串，表达式s[start:end]得到一个从索引start处开始到索引end－1处字符构成的字串。例如，

'abc'[1:3]='bc'。如果表达式中的 start 不写，则表示从索引 0 开始；如果不写 end，则表示 end 值为 len(s)。因此，'abc'[:]等价于'abc'[0:len('abc')]。

Python 3.0 中用 input 函数获得用户输入的数据，参数是一个作为提示语的字符串，执行 input 函数时，将首先在 Shell 中显示提示语，然后等待用户输入某些数据，并以回车键结束。input 函数将用户输入当作字符串对象读入并返回给某个变量。例如：

```
>>>name=input('Enter your name: ')
Enter your name:Zhang san
>>>print('Are you really', name, '?')
Are you really Zhang san ?
>>>print('Are you really '+name+'?')
Are you really Zhang san?
```

input 将用户输入当作一个字符串读入，当需要将输入作为其他类型对象使用时，一般有两种方法。一种方法是使用 Python 提供的**类型转换**，用所需转换到的类型名作为函数，作用于字符串上得到所需类型的对象。例如：

```
>>>n=input('Enter an int: ')
Enter an int: 3
>>>print(type(n))
<type 'str'>
>>>intn=int(n)
>>>type(intn)
<type'int'>
```

另一种方法是利用 eval 函数，直接将 input 读入的输入转换成适当类型的对象。例如：

```
>>>n=eval(input('Enter an int: '))
Enter an int: 3
>>>print(type(n))
<type 'int'>
```

2.4 循　　环

Python 用 while 和 for 语句实现**循环**控制结构。循环语句的流程图如图 2-3 所示，与分支语句一样，开始于一个条件。如果条件的计算结果为 True，程序执行循环体一次，然后重新进行条件检测。该过程重复进行，直到条件检测结果为 False 后，执行循环代码语句后面的代码，即“代码块 2”。

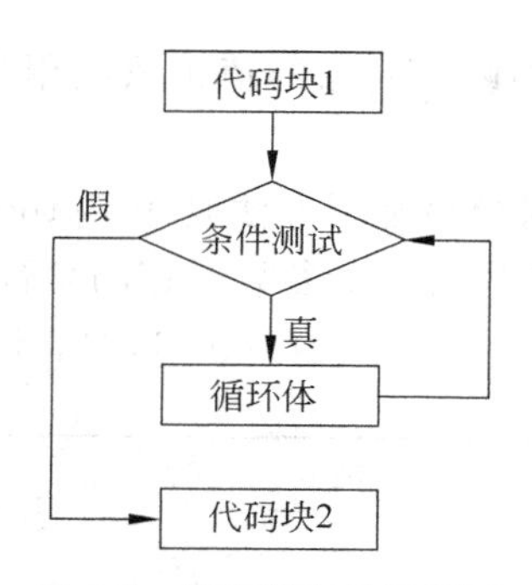

图 2-3 循环语句的流程图

while 语句构成的循环如下：

```
count=0
total=0
while count<5:
    total=total+eval(input("Please input a number: "))
    count+=1
print(total)
print(count)
```

这段代码首先为变量 count 和 total 分别绑定整数 0，然后计算用户输入的前 5 个数的总和。表 2-1 显示每次迭代的结果和中间值，这个表是通过手动**模拟运行**构建的，即假装自己是 Python 解释器，然后用笔和纸模拟对程序的解释和执行，这是理解 Python 程序如何工作的极佳方式。

表 2-1 每次迭代变量值跟踪结果

对 count<5 的测试次数	count	用户输入(假设)	total
1	0	5	0
2	1	6	5
3	2	7	11
4	3	8	18
5	4	9	26
6	5		35

从表 2-1 中可以看出，当第 6 次进行循环条件检测时，count 等于 5，此时条件测试结果为 False，使得循环结束，转而执行 while 语句之后的 print 语句。

Python 中 for 语句的一般形式如下。

```
for变量 in序列:
    代码块
```

其运行机理是 for 后的"变量"首先被关联到序列类型对象"序列"中的第一个值，并执行"代码块"中的代码。然后，"变量"被关联到"序列"对象的第二个值，并再次执行"代码块”。该过程依次进行，直到“序列”对象的值被依次用完，或在“代码块”内有 break 语句并且被执行，导致跳出循环。

产生 for 语句中序列类型对象最常用方法是用 Python 内置函数 range，该函数返回一个从其“第一个参数”开始到“最后一个参数－1”的整数序列（如果第一个参数被省略，则默认为 0）。例如，range(0,3)＝range(3)＝(0,1,2)。for 语句示例如下：

```
x=4
for i in range(0, x):
    print(i)
```

2.5 内置数据结构

除了标量数据类型，如 int、float 等，Python 还提供了几个用于组织序列数据的内置数据结构：List、Tuple 和 Dictionary。

2.5.1 列表

列表（List）是一个有序的对象的集合，集合中每个元素有一个索引值，有序是由元素的索引值体现的，索引值小的元素在顺序上排在前面。语法上，列表是用方括号括起来的、由逗号分隔的一组元素，左端是列表的头，右端是列表尾。定义和命名列表的示例如下：

```
>>>first_list=[1,2,3,4,5]
>>>other_list=[1,"two",3,4,"last"]
>>>nested_list=[1,"two",first_list,4,"last"]
>>>empty_list=[]
>>>A=[0,1,2,3,4,5]
>>>B=[3*x  for  x  in  A]
>>>B
[0, 3, 6, 9, 12, 15]
```

这段代码第 1 条语句定义了一个名为 first_list、有 5 个元素的列表，所有的元素都是同一类型(int)。第 2 条语句定义了一个容纳不同类型元素的列表。第 3 条语句定义了一个包含其他列表的列表。第 4 条语句定义了一个空列表，有时我们可能要定义一个空列表，以便在以后往里面添加元素。最后 3 条语句利用**列表推导式**（List Comprehension）从列表 A 创建了一个新的列表 B。

与字符串类型类似，可以通过每个元素的索引来访问列表中的某个元素，元素的索引从 0 开始，从左至右逐个递增，因此，最右边元素的索引为“列表元素个数－1”。如果索引值为正数，则从左边开始数元素的索引值；如果索引值为负数，则从右边开始数。例如：

```
>>>first_list=[1,2,3,4,5]
>>>first_list[0]
1
>>>first_list[-1]
5
>>>first_list[-4]
2
```

列表是**可修改**(mutable)的数据类型，即在列表对象被创建后，可以修改列表的元素(增加、删除或修改)。下面的代码通过索引对列表元素进行了修改。

```
>>>first_list=[1,2,3,4,5]
>>>second_list=first_list
>>>first_list[0]=7
>>>first_list
[7,2,3,4,5]
>>>second_list
[7,2,3,4,5]
```

上面代码修改 first_list 后 second_list 也发生了变化，原因是在将 first_list 赋值给 second_list 时，并没有真正将 [1,2,3,4,5]复制一份，并与变量 second_list 关联，而是直接将变量 second_list 与[1,2,3,4,5]关联，即变量 first_list 和 second_list 关联到了同一个列表对象上。因此，通过任何一个变量修改该列表对象时，另一个变量也会看到这种修改。要真正实现列表的**复制**(克隆)，方法是 second_list=first_list[:]。

对列表进行修改的操作主要有添加、删除和修改。

添加包括 3 种操作——追加(append)、插入(insert)和扩展(extend)。

(1) 追加：在列表末尾添加一个元素。例如：

```
>>>first_list.append(99)
>>>first_list
[1, 2, 3, 4, 5, 99]
```

(2) 插入：在指定的位置插入一个元素。例如：

```
>>>first_list.insert(2,50)
>>>first_list
[1, 2, 50, 3, 4, 5, 99]
```

(3) 扩展：在列表的末尾添加所给列表的所有元素。例如：

```
>>>first_list.extend([6,7,8])
>>>first_list
[1, 2, 50, 3, 4, 5, 99, 6, 7, 8]
```

常用的从列表中删除某个元素的方法主要有两个。

(1) pop 方法：移除指定索引位置的元素，并返回它的值。如果没有参数，则指的是最后一个元素。例如：

```
>>>first_list
[1, 2, 50, 3, 4, 5, 99, 6, 7, 8]
>>>first_list.pop()
8
>>>first_list.pop(2)
50
>>>first_list
[1, 2, 3, 4, 5, 99, 6, 7]
```

(2) remove 函数：删除指定的元素。如果列表中有多个与被删除元素相同的元素，则删除从左边数的第一个。如果被删除的元素在列表中不存在，则报错。该函数只删除元素，不会返回任何值。例如：

```
>>>first_list=[1,2,3,4,5,6,7,99]
>>>first_list.remove(99)
>>>first_list
[1, 2, 3, 4, 5, 6, 7]
```

其他常用的列表操作如表 2-2 所示。

表 2-2　常用的列表操作

操　作	描　述	操　作	描　述
s. count(x)	统计列表 s 中 x 出现的次数	s. reverse()	把列表元素顺序颠倒
s. index(x)	返回 x 在列表 s 中的索引	s. sort()	对列表元素进行排序

2.5.2　元组

元组(Tuple)也是用于组织一组数据的内置数据结构。但是，元组是**不可修改**(immutable)的数据类型，即一旦创建，则元组中的元素就不能被修改。从语法上看，与列表类似，只是将“[ ]”换成“( )”。例如：

```
>>>point=(23,56,11)
>>>lone_element_tuple=(5,)
```

第 1 条语句定义了有 3 个元素的元组 point。第 2 条语句定义了一个只有一个元素的元组，这是元组较为特殊的地方，即当只有一个元素时，必须在这个元素后加“,”，而列表在相同情况下不需要加“,”。

元组又称为“不可修改的列表”，因此不允许对元组添加或删除元素。元组与列表各有其应用场景，当数据是可变的(个数和内容)，则一般用列表；当数据的个数和内容不可变时，一般用元组，例如，三维坐标系坐标的表示一般用元组(X, Y, Z)表示，而不用列表。此外，与Python的多重赋值相结合，元组可发挥更大的作用。例如：

```
>>>x, y=(3, 4)
>>>x
3
>>>y
4
>>>a, b, c='xyz'
>>>a
x
```

元组、列表和str类型都是序列类型的对象，因此有很多共性的属性和操作，假设point是元组类型的变量。

(1) 索引：通过元素的索引访问元素。元组的索引也是从0开始的，索引的用法与列表、字符串类型的用法一样，如point[0]。

(2) 截取片段：选择元组的一部分。例如，point[0:2]。

(3) 成员资格测试：用in方法判断某个元素是否在元组中。例如：

```
>>>point=(23,56,11)
>>>11  in  point
True
```

(4) 级联：用+连接2个或2个以上的元组。例如：

```
>>>point=(23,56,11)
>>>point2=(2,6,7)
>>>point+point2
(23,56,11,2,6,7)
```

(5) 长度、最大、最小：可分别用len、max、min方法获得元组的元素个数、最大元素、最小元素。例如：

```
>>>point=(23,56,11)
>>>len(point)
3
>>>max(point)
56
>>>min(point)
11
```

2.5.3 字典

字典是一种特殊的数据类型，字典类型的对象可以存储任意被索引的**无序**的数据类型。Python 中字典的类型名是 dict，与列表类似，只是元素的索引不一定是整数了，因此，常常称字典中的索引为**关键字**(key)。语法上，字典用"{ }"组织一组数据，每个数据的组织格式是 key:value，即**键-值对**。由于字典中的数据是无序的，不能像列表等类型对象那样通过索引访问元素，因此只能通过关键字访问其对应的元素的值。例如下面的代码：

```
monthNumbers={'Jan':1, 'Feb':2, 'Mar':3, 'Apr':4, 'May':5,
              1:'Jan', 2:'Feb', 3:'Mar', 4:'Apr', 5:'May'}
print('The third month is '+monthNumber[3])
dist=monthNumber['Apr']-monthNumber['Jan']
print('Apr and Jan are', dist, 'months apart')
```

将输出：

```
The third month is Mar
Apr and Jan are 3 months apart
```

字典类型对象上的其他主要操作如下(设 d 为字典类型对象)。

(1) len(d)：返回 d 中元素的个数。

(2) d.keys()：返回一个列表，包含 d 的所有关键字。

(3) d.values()：返回一个列表，包含 d 的所有值。

(4) k in d：如果关键字 k 在 d 中，返回 True，否则返回 False。

(5) d[k]：返回 d 中与关键字 k 关联的值。

(6) d[k]=v：将 v 赋值给 d 中与关键字 k 关联的值。

(7) for k in d：对 d 中所有的关键字进行循环。

(8) del d[k]：删除 k 对应的键-值对。

2.6 函 数

目前为止，介绍了 Python 的基本数据类型、赋值、输入输出、分支和循环结构，这些只是 Python 语言的一个子集，理论上这个子集是非常强大的，因为它是**图灵完备的**，所有可计算的问题都可用这个子集中的机制来编程实现。

为了增加代码的可重用性、可读性和可维护性，程序设计语言一般都提供**函数**这种机制来组织代码。使用函数的主要目的如下。

(1) 降低编程的难度：在常用的自顶向下问题求解策略中，通常将一个复杂的大问题分解成一系列更简单的小问题，然后将小问题继续划分成更小的问题。当问题被细化到足够简单时，就可以分而治之，使用函数来处理简单的问题。在解决了各个小问题后，大问题也就迎刃而解了。

(2) 代码重用：定义的函数可以在一个程序的多个位置使用，也可以用于多个程序。此外，还可以把函数放到一个模块中供其他程序员使用，或使用其他程序员定义的函数，避免了重复劳动，提高了工作效率。

函数就是完成特定功能的一个语句组，这组语句可以作为一个单位使用，并且给它取一个名字，就可以通过**函数名**在程序的不同地方多次执行(即**函数调用**)，却不需要在所有地方都重复编写这些语句。另外，每次使用函数时可以提供不同的参数作为输入，以便对不同的数据进行处理；函数处理后，还可以将相应的结果反馈给调用者。有些函数是用户自己编写的，称为**自定义函数**；有些函数是系统自带的，或由其他程序员编写的，称为**预定义函数**，对于这些现成的函数用户可以直接拿来使用。

Python 中定义函数的语法如下。

```
def functionName(formalParameters):
    functionBody
```

其中：

(1) functionName 是函数名，可以是任何有效的 Python 标识符。

(2) formalParameters 是**形式参数**(简称形参)列表，在调用该函数时通过给形式参数赋值来传递调用值，形参可以由多个、一个或零个参数组成，当有多个参数时各个参数由逗号分隔；**圆括号是必不可少的**，即使没有参数也不能没有它。

(3) functionBody 是**函数体**，函数体是函数每次被调用时执行的一组语句，可以由一个语句或多个语句组成。函数体一定要注意缩进。圆括号后面的冒号不能少。此外，在调用函数时，函数名后面圆括号中的变量名称叫做**实际参数**(简称“实参”)。①。

下面是自定义的 maximum 函数：

```
def maximum(x, y):
    if x>y:
        return x
    else:
        return y
```

该函数以两个可比较大小的同类型对象为参数，返回最大的那个。代码中用 return 获得返回结果，注意 return 只能用于函数体中。调用该函数的例子如下，此时实参按照其在圆括号中的位置赋给相应的形参。

① 可以与数学中的函数进行类比来理解形参和实参。例如，正弦函数定义为 sin(x)，此处 x 表示任意的角度值，但在此处没有一个具体的值，所以是形式上的。当求 90°的正弦值时，写作 sin(90)，此时 x 被 90 替代，而 90 是一个实际的值。

```
>>>maximum(3, 4)
4
>>>t=maximum('123', '122')
>>>t
'123'
>>>maximum(y=3,x=4)
```

上面的例子中,第一次调用时将 3 赋给 x,4 赋给 y。第二次调用时,将'123'赋给了 x,'122'赋给了 y。第三次调用使用了**关键字调用**方法,调用时明确指定实参与形参的绑定方式,此时,形参和实参没有位置上的对应关系,此处将 3 赋给 y,4 赋给 x。

Python 程序中声明的变量有其作用范围,称为变量的**作用域**。一个函数内声明的变量只在函数内部有效。要在函数以外访问一个函数变量的内容,变量必须通过使用 return 语句把它返回到主程序。例如下面的程序:

```
def f(x):
    y=1
    x=x+y
    print('x=', x)
    return x

x=3
y=2
z=f(x)
print('z=', z)
print('x=', x)
print('y=', y)
```

请注意,上面代码执行时从第 7 条语句 x=3 处开始,前面是函数的定义,不会被执行,而只有在该函数被调用时才会执行函数体语句。运行结果为

```
x=4
z=4
x=3
y=2
```

为什么会这样?首先程序具体执行流程如图 2-4 所示,第 9 行(空行也算一行)用实际参数 x 调用函数 f 时,第 1 行函数定义时的形式参数 x 被关联了第 7 行声明的变量 x 的值,即 3。特别需要注意的是,尽管形式参数和实际参数名字都是 x,却是两个不同的变量。形式参数 x 和函数 f 内部声明的**局部变量** y 的作用范围是第 1~5 行。函数 f 内的赋值语句 x=x+y(第 3 行)运行完后,局部变量 x 的值为 4,并且不会影响函数之外的变量 x 和 y(第 7 行和第 8 行)。在执行 return x 后,执行流程返回到第 9 行,此时 f(x)的

值为4,并被赋值给变量z。

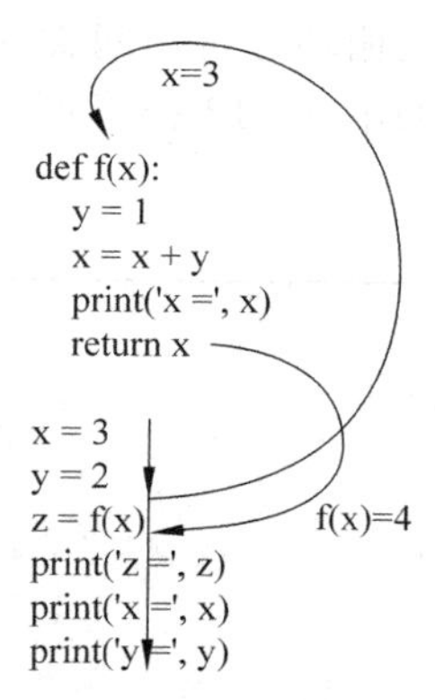

图 2-4 代码执行流程

2.7 文　　件

读取以前保存的文件或创建新的文件并写入数据,几乎是每一个计算机程序必备的功能。不同的操作系统有不同的文件系统来创建和访问文件。Python 通过**文件句柄**独立于各操作系统对文件进行操作。

在对文件进行操作之前,必须先打开文件。Python 内置函数 open 可用于打开一个文件并返回一个文件句柄,该句柄一直与打开的文件关联,可以通过该句柄在文件关闭前对文件进行访问。open 函数有两个参数:文件的**名称**和打开的**模式**。文件的名称是一个字符串,指定要打开的文件的名称。第二个参数表示对打开的文件可进行什么操作,可选模式有:r 表示读取、w 表示写入、a 表示在文件的末尾追加数据,默认值是 r。如果想打开一个文件进行读取和写入操作,使用参数 r+。

当打开文件后,用 read 或 readline 函数读取文件的内容。前者的调用形式通常为 read(n),表示从文件读取 n 个字节,如果直接用 read()(即不带参数),则读入整个文件内容。后者调用时没有参数,功能是从文件中读一行,以'\n'作为行标记结束。当到达文件的末尾时,将返回一个空字符串。还可用 readlines 函数,该函数返回一个列表,其中每个元素是从文件中读取的一行。

如果想向文件写入数据,可用 write 函数。该函数接受一个字符串作为参数,该字符串就是将被 write 函数写入到文件的数据①。

一旦完成了文件操作,可以通过 close 函数来关闭。

下面的例子首先创建一个名为 kids 的文件,然后向其中写入一些数据(在调用 write 函数时根据需要添加了一个换行,即'\n')后关闭该文件,如第 1～4 行所示。接下来以读方式再次打开该文件,逐行读出并打印文件内容,完成后关闭文件,如第 5～8 行所示。

① 由于向文件写入时,不会自动添加换行符,因此需要根据需要自己添加。

注意此处读文件并没有用 read 等函数，因为 Python 将 nameHandle 视为一个列表，内容为其所关联文件的每一行，因此可用循环逐行访问文件。此后，文件以附加形式被打开，在文件后面添加两行后关闭文件，如第 9～12 行所示。最后的代码再次以读方式打开文件，逐行读入并打印文件内容。

```
nameHandle=open('kids', 'w')
nameHandle.write('Michael\n')
nameHandle.write('Mark\n')
nameHandle.close()
nameHandle=open('kids', 'r')
for line in nameHandle:
   print(line[:-1])
nameHandle.close()
nameHandle=open('kids', 'a')
nameHandle.write('David\n')
nameHandle.write('Andrea\n')
nameHandle.close()
nameHandle=open('kids', 'r')
for line in nameHandle:
   print(line[:-1])
nameHandle.close()
```

这段程序的输出为

```
Michael
Mark
Michael
Mark
David
Andrea
```

2.8 小 结

本章简要地介绍了 Python 语言，本章的目的不是让读者学会并精通 Python 程序设计，而是让读者能阅读并理解后续章节的 Python 程序，并能在给出的例子程序上做一些改动以完成相应的作业。

习 题

1. 设计一个 Python 程序来计算、显示通过如图 2-5 所示的管道的水流速率。进入管道的水流速率的单位为英尺/秒，管道入口半径和出口半径的单位为英寸。出口速率

的计算公式为 $v_{out}=v_{in}\left(\frac{r_{in}}{r_{out}}\right)^2$，其中，$v_{out}$为出口速率，$v_{in}$为入口速率，$r_{out}$为管道出口半径，$r_{in}$为管道入口半径。

图 2-5　管道的流水速率

2. 圆杆(如图 2-6 所示的自行车踏板)的最小半径(能够支撑一个人的脚所施加的压力,而不至于超过附着在曲柄臂链轮的压力)的计算公式为$r^3=\frac{d\times p}{\pi\times S}$,其中,$r$ 为圆杆的半径(inches),d 为曲柄臂的长度(inches),p 为施加在踏板上的重量(lbs),S 为每 lbs/in^2 上的压力。

图 2-6　自行车踏板

基于上述信息,**编写**一个 Python 程序根据用户输入来计算 r 的值(如曲柄臂的长度为 7inches,最大重量为 300lbs,承受的压力为 10 000lbs/in^2)。

3. 编写出一个 Python 程序,在给定年限 N 和复合利率 r 的情况下,计算当贷款金额为 P 时,每月需还贷的金额,每月还贷公式为$\frac{Pr'(1+r')^N}{(1+r')^N-1}$,其中 r' 为月利息(提示:$r'=r/12$)。

4. 请编写一个 Python 程序将日期作为输入并打印该日期是一周当中的周几。用户输入有 3 个:m(月)、d(日)、y(年)。对于 m,用 1 表示一月,2 表示二月,以此类推。对于输出,0 表示周日,1 表示周一,2 表示周二,以此类推。对于阳历,可用以下公式计算:

$$y_0 = y-(14-m)/12$$
$$x = y_0+y_0/4-y_0/100+y_0/400$$
$$m_0 = m+12\times((14-m)/12)-2$$
$$d_0 = (d+x+(31\times m_0)/12)\%7$$

例如,2000 年 2 月 14 日是周几?

$$y_0 = 2000-1 = 1999$$
$$x = 1999+1999/4-1999/100+1999/400 = 2483$$
$$m_0 = 2+12\times 1-2 = 12$$
$$d_0 = (14+2483+(31\times 12)/12)\%7 = 2500\%7 = 1$$

答案:周一。

5. 编写一个计算并打印地球上两点的大圆弧距离的 Python 程序。该程序接收用户的 4 个输入 x_1、y_1、x_2、y_2(分别表示地球上两个点的维度和经度,单位是度)。大圆弧距

离计算公式为(单位是英里):

$$d = R \times \arccos(\sin(x_1) * \sin(x_2) + \cos(x_1) * \cos(x_2) * \cos(y_1 - y_2)),$$

其中,R=6 367 000m,1 英里=1.609km。请用你编写的程序计算巴黎(N49.87°,W-2.33°)和旧金山(N37.8°,W-122.4°)的大圆弧距离。

6. 气象预报时,一般按照风速对飓风进行分级,表 2-3 是飓风风速(英里/小时)与飓风分级对照表。请编写一个 Python 程序,根据用户输入的风速值,输出其飓风级别。

表 2-3 飓风风速与飓风分级对照表

飓风级别	风速/(英里/小时)	飓风级别	风速/(英里/小时)
1	74~95	4	131~154
2	96~100	5	155 及以上
3	111~130		

7. 请编写一个 Python 程序,判断用户输入的 8 位信用卡号码是否合法,信用卡号是否合法的判断规则如下。

(1) 对给定的 8 位信用卡号码,如 43589795,从最右边数字开始,隔一位取一个数相加,如 5+7+8+3=23。

(2) 将卡号中未出现在第一步中的每个数字乘 2,然后将相乘的结果的每位数字相加。例如,对上述例子,未出现在第一步中的数字乘 2 后分别为(从右至左)18、18、10、8,则将所有数字相加为 1+8+1+8+1+0+8=27。

(3) 将上述两步得到的数字相加,如果所得数的个位为 0,则输入的信用卡号是有效的。

要求:用户输入的卡号必须是一次性输入,不能分成 8 次,每次读一个数字。

8. 国际标准书号(ISBN)用 10 位数字唯一标识一本书。最右边的数字为校验和,可由其他 9 位数字计算出来,且$d_1+2d_2+3d_3+\cdots+10d_{10}$必须是 11 的倍数($d_i$的下标 i 表示从右边起第 i 个数)。校验和必须是介于 0~10 中的一个数字,用 X 表示 10。例如,020131452 的校验和是 5,因为对于以下 11 的倍数的公式,5 是唯一的介于 0~10 之间的数:$10\times0+9\times2+8\times0+7\times1+6\times3+5\times1+4\times4+3\times5+2\times2+1\times x$。请编写一个 Python 程序,将 9 位整数作为输入,计算校验和并打印 ISBN 号(注意:输入必须是一个 9 位数的整数,不能一位一位地输入,如输入为 020131452,则输出为 201314525)。

9. 编写一个函数 majority,参数为 3 个 bool 类型数据,返回类型为 bool,其功能是当 3 个参数中至少有 2 个值为 True 时,返回 True,否则,返回 False。

10. 请编写一个 Python 程序,将用户输入的一个 1~999 的整数转换成其对应的英文表示,例如,729 将被转换成 seven hundred and twenty nine。要求,在程序中尽可能地使用函数封装一些常用的转换,不得少于 3 个函数。

第3章 chapter 3

计算思维与计算机问题求解

3.1 计算思维

在人类几千年的历史中，人类一直在进行着认识和理解自然界的活动。几千年前，人类主要以观察或实验为依据，经验地描述自然现象。随着科学的发展和进步，到几百年前，人类开始对观测到的自然现象加以假设，然后构造模型进行理解，再经过大量实例验证模型的一般性后，对新的自然现象就可用模型进行解释和预测了。近几十年来，随着计算机的出现，以及计算机科学的发展，派生出了基于计算的研究方法，通过数据采集、软件处理、结果分析与统计，用计算机辅助分析复杂现象。可以看到，人类历史上对自然的认识和理解经历了经验的、理论的和计算的 3 个阶段，目前正处在计算的阶段。

“人要成功融入社会所必备的思维能力，是由其解决问题时所能获得工具或过程决定的”，在工业社会，人们关心的是了解事物的物理特性，然后思考如何用原料生成新事物。人们解决问题时可以用到的工具或过程有组装线、自动化、草图、工艺美术等。进入信息社会后，为了问题求解，人们关心的是如何利用技术定位和使用信息，常用到的工具有 E-mail、网络、芯片、文件等。

为了超越信息社会，人类已不满足于仅仅是定位和使用信息，更加关注的是利用数据和构想解决问题，进而创造工具和信息。要达到这样的目的，需要抽象、数据处理等技能，以及大量计算机科学概念的支持。这些技能总结起来就是“计算思维”：人类思维与计算能力的综合。在 21 世纪，与读、写、算术一样，计算思维将是每个人必备的基本技能。

2006 年 3 月，美国卡内基-梅隆大学的周以真（Jeannette M. Wing）教授在美国《ACM 通信》（*Communications of ACM*）杂志上发表了一篇题为“计算思维”（*Computational Thinking*）的论文，明确提出计算思维的概念。周以真教授认为，**计算思维**是指运用计算机科学的基础概念去**求解问题**、**设计系统**和**理解人类行为**，它包括了一系列广泛的计算机科学的思维方法，其本质是为问题进行**建模**并**模拟**。计算思维不是计算机科学家所特有的，而应该成为信息社会每个人必须具备的基本技能。计算思维已经在其他学科中产生影响，而且这种影响在不断拓展和深入。计算机科学与生物、物理、化学、甚至经济学相结合，产生了新的交叉学科，改变了人们认识世界的方法。例如，计算生物学正在改变生物学家的思考方式，计算博弈理论正在改变经济学家的思考方式，纳米计算正在改变化学家的思考方式，量子计算正在改变物理学家的思考方式。

计算思维的6个特征如下。

(1) 计算思维是概念化，不是程序化。计算机科学不等于计算机编程，所谓像计算机科学家那样去思维，其含义也远远超出计算机编程，还要求能够在多个抽象层次上进行思维。

(2) 计算思维是根本的，不是刻板的技能。计算思维作为一种根本技能，是现代社会中每个人都必须掌握的。刻板的技能只意味着机械的重复，但计算思维不是这类机械重复的技能，而是一种创新的能力。

(3) 计算思维是人的、而不是计算机的思维方式。计算思维是人类求解问题的重要方法，而不是要让人像计算机那样思考。计算机是一种枯燥、沉闷的机械装置，而人类具有智慧和想象力，是人类赋予计算机激情。有了计算设备的支持，人类就能用自己的智慧去解决那些在计算时代之前不敢尝试的问题，可以充分利用这种力量去解决各种需要大量计算的问题，实现"只有想不到，没有做不到"的境界。

(4) 计算思维是数学和工程思维的互补与融合。计算机科学在本质上源自数学思维，因为像所有的科学一样，其形式化基础建筑于数学之上。计算机科学又从本质上源自工程思维，因为建造的是能够与实际世界互动的系统。计算思维比数学思维更加具体、更加受限。由于受到底层计算设备和运用环境的限制，计算机科学家必须从计算角度思考，而不能只从数学角度思考。另一方面，计算思维比工程思维有更大的想象空间，可以运用计算技术构建出超越物理世界的各种系统。

(5) 计算思维是思想，不是人造物。计算思维不仅体现在人们日常生活中随处可见的软件硬件等人造物上，更重要的是，该概念还可以用于求解问题、管理日常生活、与他人交流和互动等。

(6) 计算思维面向所有的人，所有地方。当计算思维真正融入人类活动，成为人人都掌握、处处都会被使用的问题求解的工具，甚至不再表现为一种显式哲学的时候，计算思维就将成为一种现实。

计算思维的本质是"两个A"——**抽象**(Abstraction)和**自动化**(Automation)。前者对应着建模，后者对应着模拟。抽象就是忽略一个主题中与当前问题(或目标)无关的那些方面，以便更充分地注意与当前问题(或目标)有关的方面。在计算机科学中，抽象是一种被广泛使用的思维方法。计算思维中的抽象完全超越物理的时空观，并完全用符号来表示，其中，数字抽象只是一类特例。最终目的是能够机械地一步一步自动执行抽象出来的模型，以求解问题、设计系统和理解人类行为。计算思维的"两个A"反映了计算的根本问题，即什么能被有效地自动执行。对"两个A"的解读可用一句话总结：**计算是抽象的自动执行，自动化需要某种计算装置去解释抽象**。从操作层面上讲，计算就是如何寻找一台计算装置去求解问题，即确定合适的抽象，选择合适的计算装置去解释执行该抽象，后者就是自动化。

一个例子

混沌现象是指在一个动力系统中,初始条件下微小的变化能引起整个系统长期而巨大的连锁反应。此效应说明,事物发展的结果,对初始条件具有极为敏感的依赖性,初始条件的极小偏差,将会引起结果的极大差异。1963年,美国气象学家爱德华·诺顿·罗伦兹在一篇提交给纽约科学院的论文中提到"一个蝴蝶在巴西轻拍翅膀,可以导致一个月后得克萨斯州的一场龙卷风"。这就是**蝴蝶效应**,它是一种典型的混沌现象。蝴蝶效应通常应用于天气、股票市场等在一定时段难以预测的比较复杂的系统中。中国成语"差之毫厘,谬以千里"就体现了混沌效应,西方有一首民谣也体现了这种效应:

丢失一个钉子,坏了一只蹄铁;
坏了一只蹄铁,折了一匹战马;
折了一匹战马,伤了一位骑士;
伤了一位骑士,输了一场战斗;
输了一场战斗,亡了一个帝国。

当去除混沌效应的各种外在表现后,能将其抽象为数学模型,即用一些数学公式表达蝴蝶效应的本质。例如,常用回归函数来为混沌现象建模:3.9 * x * (1-x)。当用程序将该模型描述出来,则可在计算机上自动化地运行,根据输出观察蝴蝶效应,Python程序如下:

```
print("This program illustrates a chaotic function")
x=eval(input("Enter a number between 0 and 1: "))
for i in range(10):
    x=3.9 * x * (1-x)
    print(x)
```

分别以0.25和0.26作为输入运行该程序,结果如表3-1所示,即便两次输入值之间差别很小,当过了一段时间后差别会变得非常大。

表3-1 回归函数每次迭代结果

迭代次数	0.25	0.26	迭代次数	0.25	0.26
1	0.731250	0.750360	6	0.955399	0.560671
2	0.766441	0.730547	7	0.166187	0.960644
3	0.698135	0.767707	8	0.540418	0.147447
4	0.821896	0.695499	9	0.968629	0.490255
5	0.570894	0.825942	10	0.118509	0.974630

小结:这个例子展示了计算思维的本质——"两个A",表现非常复杂的混沌现象被抽象为一个简单的数学公式,通过某种程序语言将数学公式变成计算机能理解和解释的

程序，就能在计算机上自动化地执行该抽象。复杂的混沌现象在计算机上变成了一组自动产生的数据。

计算思维是人类思维与计算机能力的综合。随着计算机科学与技术的发展，在应用上，计算机不断渗入社会各行各业，深刻改变着人们的工作和生活方式；在科学研究上，计算在各门学科中的影响也已初显端倪。计算思维将和阅读、写作和算术一样，成为21世纪每个人的基本技能。计算的概念广泛存在于科学研究和社会日常活动中，计算已经无处不在，计算思维正在发挥越来越重要的作用。

3.2 计算机问题求解

计算机是对数据(信息)进行自动处理的机器系统。从根本上说，计算机是一种工具，利用它人们可以**通过计算来解决问题**。随着计算机科学的发展，使用计算机进行问题求解已经成为计算机科学最基本的方法，甚至在其他学科(如生物、物理、化学、经济和社会等学科)的研究中也发挥着重要的作用。所以，计算机问题求解是以计算机为工具、利用计算思维解决问题的实践活动。在第1章中已经知道：离开程序，计算机不能做任何事情。那么，何谓计算机问题求解？在“问题求解”时“计算机”能干什么？是谁在完成“问题求解”？

人进行问题求解的过程可归纳为以下的步骤①。

(1) 理解问题：输入是什么，输出是什么。

(2) 制订计划：准备如何解决问题。

(3) 执行计划：具体解决问题。

(4) 回头看：检查结果等。

对上述问题求解的步骤逐条进行检查，看看计算机能在每一步做些什么事。

(1) 理解问题：计算机如何理解问题？

(2) 制订计划：计算机能制订计划吗？如果不能，如何针对计算机制订计划？即什么样的计划可能在计算机上实现？什么样的形式才能让计算机知道该做什么和怎么做？

(3) 执行计划：只有这个才**真正是计算机能做的**。

(4) 回头看：为什么结果是(不)正确的？求解效率还能提高吗？

因此，计算机问题求解是一个发挥人的特长——**抽象**，与计算机的特长——**自动化**，利用计算解决问题的思维方法。这恰好是计算思维的本质。

Eratosthenes 的筛子

素数在人类科学史上有着很重要的地位和悠长的历史，公元前200年左右，古希腊、波斯和中国的哲学家就开始研究素数的性质。直到20世纪中叶，素数仍只是数论关心的话题。1970年新的加密算法——RSA算法的提出，为素数找到了新的应用，如何产生

---

① 源自 George Polya 的 *How to Solve It* 一书。

大素数成为新的研究热点。至2013年2月，能找到的最大素数是$2^{57885161}-1$，有17 425 170个数字。

公元前250年，古希腊数学家Eratosthenes提出了一种筛选n以内所有素数的简便方法，其中n为非负整数。

(1) 构造一个2～n的整数序列。

(2) 重复下述动作。

① 剩下的序列中第一个数是素数。

② 划去序列中最近找出来的该素数的倍数。

遵循Eratosthenes筛选算法，可以找出20以内的所有素数。解题过程如下：

(1) 列出2～20的整数序列：2 3 4 5 6 7 8 9 10 11 12 13 14 15 16 17 18 19 20。

(2) 序列的第一个数是素数，即**2** 3 4 5 6 7 8 9 10 11 12 13 14 15 16 17 18 19 20。

(3) 在剩下的序列中，划去所有2的倍数，序列将变成2 3 5 7 9 11 13 15 17 19。

(4) 剩下的序列中第一个数是素数，即**2 3** 5 7 9 11 13 15 17 19。

(5) 剩下的序列中划去所有3的倍数，得：**2 3** 5 7 11 13 17 19。

(6) 依次找到素数5、7、11、13、17、19。

最后20内的所有素数为2 3 5 7 11 13 17 19。

但是，当需要找出100、1000，甚至100 000 000以内的所有素数时，对人来说，重复筛选的动作就变得枯燥了。进一步研究，对筛选n以内的所有素数这个问题，人们对问题已经有很好的理解、制订了求解问题的计划、给出了求解问题的步骤(计算的解)，如果能让计算机帮助人们执行问题求解的步骤，这就是一个典型的计算机问题求解的案例。

如何让计算机执行求解步骤呢？只要将问题求解步骤用计算机能理解的语言(本书中的Python语言)表达出来，就能指导计算机进行素数筛选。此处，给出Python实现的素数筛选方法如下：

```
def sieve(n):
    worksheet=[y for y in range(2, n+1)]
    primes=[]
    while len(worksheet)>0:
        primes.append(worksheet[0])
        for i in worksheet:
            if i%primes[len(primes)-1]==0:
                worksheet.remove(i)
    return primes
for i in [100, 1000, 10000, 100000]:
    print(sieve(i))
```

这段代码定义了一个 sieve 函数，以 n 作为参数。第 2 行代码用于构造 2～n 的整数序列 worksheet，第 3 行的 List 类型对象 primes 用于保存素数。第 4 行开始重复的筛选动作，结束条件是 worksheet 为空。第 5 行根据"序列的第一个数是素数"这个规则将 worksheet 的第一个数加入 primes。第 6～8 行将 worksheet 中所有最近找出来的素数的倍数删除。运行该程序，可以看到在人将问题求解的计划设计好，并转换成计算机能理解的程序后，计算机能完美地帮助人自动地求出 n 以内的所有素数。

回忆一下问题求解的步骤，最后一步"回头看"还没有做。具体到筛选素数的问题，可以问很多"回头看"的问题：结果对吗？为什么？问题求解的效率还能提高吗？

以最后一个问题为例，研究 20 内素数的例子，可以发现，从素数 11 开始，序列中再也找不到这些素数的倍数，按照筛选素数的步骤，虽然从 11 以后再也找不到这些素数的倍数来，但是还将继续检查下去，这浪费了大量的时间。通过观察，可以发现每次从序列中划去的整数满足两个条件。

(1) 比 n 小。

(2) 为合数，能表示成 $a \times b$。

那么，a 或 b 或两者都必须小于$\sqrt[2]{n}$。基于这个观察可以改进上面代码第 4 行的结束条件：当序列的第一个数大于等于$\sqrt[2]{n}$时，循环结束。改进后的代码如下：

```
from math import sqrt
def sieve(n):
    worksheet=[y for y in range(2, n+1)]
    primes=[]
    while worksheet[0]<sqrt(n):
        primes.append(worksheet[0])
        for i in worksheet:
            if i%primes[len(primes)-1]==0:
                worksheet.remove(i)
    return primes+worksheet
for i in [100, 1000, 10000, 100000]:
    print(sieve(i))
```

上述代码中有两点需要注意。

(1) 第 1 行因为需要用到求平方根的函数 sqrt，需要引入 math 模块。

(2) 第 10 行，因为当 worksheet 第一个数超过$\sqrt[2]{n}$时循环结束，此时，worksheet 中还有数，并且能保证都是素数，因此，需要将它与 primes 合并得到所有的素数。

这种改进是否能改善效率呢？可以在代码中插入一些"探针"，将两个版本的筛选素数程序运行时间、循环语句执行次数打印出来进行比较。对优化前后程序插入探针，代码如下所示：

优化前筛选算法

```
from time import clock
def sieve(n):
  count=0
  worksheet=[y for y in range(2, n+1)]
  primes=[]
  while len(worksheet)>0:
    count+=1
      primes.append(worksheet[0])
      for i in worksheet:
        if i%primes[len(primes)-1]==0:
          worksheet.remove(i)
  print(count)
  return primes
for i in [100, 1000, 10000, 100000]:
  start=clock()
  sieve(i)
  runtime=clock()-start
  print("v1.0: "+str(runtime)+
  " seconds for "+str(i))
```

优化后筛选算法

```
from math import sqrt
from time import clock
def sieve(n):
  count=0
  worksheet=[y for y in range(2, n+1)]
  primes=[]
  while worksheet[0]<sqrt(n):
    count+=1
    primes.append(worksheet[0])
    for i in worksheet:
      if i%primes[len(primes)-1]==0:
        worksheet.remove(i)
  print(count)
  return primes+worksheet
for i in [100, 1000, 10000, 100000]:
  start=clock()
  sieve(i)
  runtime=clock()-start
  print("v2.0: "+str(runtime)+
  " seconds for "+str(i))
```

左边是优化前的代码，右边是优化后的代码，加粗的代码行就是插入的探针。这两段代码中的变量 count 用来统计循环的执行次数，代码行 sieve(i)前后的代码分别获得开始执行筛选的时刻和执行完毕的时刻，两个时刻的差就是运行时间。运行结果如表 3-2 所示①，可以看到改进后在循环执行次数和运行时间上都有明显进步。

表 3-2　优化前后素数筛选算法循环次数和执行时间比较

n	优化前循环次数	优化前执行时间/s	优化后循环次数	优化后执行时间/s
100	25	0.0052	4	0.0043
1000	168	0.0118	11	0.0079
10 000	1229	0.6888	25	0.4846
100 000	9592	60.1422	65	44.5858

总结：这个例子展示了计算机问题求解的过程、如何结合人与计算机的特长，以及对效率的追求，这些都是计算思维中的核心思想和技能。

补充：如何产生非常大的素数呢？不能直接用 Eratosthenes 筛选法，但是它是产生大素数的基石。目前的算法如下。

(1) 令 p=sieve(1000)。

① 不同的机器运行时间会不一样，但是循环执行次数会是一样的。

(2) 随机选择一个 500 位的整数 n。

(3) 如果 n 是 p 中任何一个数的倍数，则 n 不是素数，回到第(2)步。

(4) 对 n 进行更为复杂的 Rabin-Miller 测试，判断 n 是否为素数，如果不是，回到第(2)步。

3.3 算法复杂度

对筛选素数这个问题，可以设计出不同的算法对其求解。那么如何对这些算法进行评价，哪个算法较好、哪个算法较差呢？特别是在计算机问题求解中，这些算法最终将转换成在计算机上运用的程序，算法的好坏就直接关系程序的性能。借助计算机进行问题求解，需要考虑计算问题时所需的计算资源，时间和空间是最重要的两项资源。算法实现为计算机程序时，需要运行时间和存储空间，要尽可能地节省这些资源。如何度量算法的时间复杂度和空间复杂度？用算法实际需要的计算机运行时间和空间来度量可以吗？

对上述问题，素数筛选的例子告诉我们：用程序实现算法，会和具体的编程方法、编程语言，甚至计算机的软硬件平台紧密相关，同一个算法可以在不同的平台上、用不同的方法实现为不同的程序，这些程序可能在功能上都能实现算法的操作，但是在实际运行时间和空间上差距很大，所以程序的计算机实际运行时间和空间不适合于用来反映算法的时间复杂度和空间复杂度。但是可以发现，算法中循环执行的次数不会因计算平台的不同而不同。因此，分析算法的时间复杂度和空间复杂度时，考虑的是算法的主要操作步骤，用主要操作步骤的数目以及所需的空间来度量时间和空间复杂度，而不考虑计算机的处理细节。这种评价方法使得对算法复杂度的分析，能够独立于算法的程序实现和具体计算装置。

算法的**时间复杂度**指算法需要消耗的时间资源，一般用算法中操作次数的多少来衡量。算法的时间复杂度是问题规模 n 的函数，因此记作 $T(n)$。这里的 T 是英文单词 Time 的第一个字母，n 是一个反映问题规模大小的参数。在素数筛选问题中，表示要从 n 个数中筛选出所有的素数。假设一个算法面临的问题规模为 n，它需要 $2\times n^3+5\times n+8$ 步操作解决该问题。如果 $n=10$，需要 2058 步；如果 $n=100$，需要 2 000 508 步；如果 $n=1000$，需要 2 000 005 008 步，等等。随着 n 的增大，对操作步数影响最大的是多项式中的 $2n^3$ 这一项，更确切地说是项 n^3，其他的 $5n+8$，甚至 n^3 项的系数 2 都不重要了，这时只要说明该算法是 n^3 数量级的，就足够体现它的时间复杂度了。

由此，算法复杂度并不是程序运行时实际的运行时间和空间需求，而是指随着问题规模的增长，算法所需消耗的运算时间和内存空间的**增长趋势**。算法的复杂度除了不考虑计算机具体的处理细节，一般也忽略算法所需要的、与问题规模无关的固定量的时间与空间需求，即对于 $T(n)$ 函数，关心的是该函数在数量级上与 n 的关系。为此，在算法的复杂度研究中，引入了一个记号 O(读作大 O)，它源自英文单词 Order(数量级)的第一个字母。用大 O 来表示算法复杂度在数量级上的特点，有 $2\times n^3+5\times n+8=O(n^3)$。

通过引入大 O 记号，使得算法复杂度分析能够聚焦到数量级上。特别是，当问题的

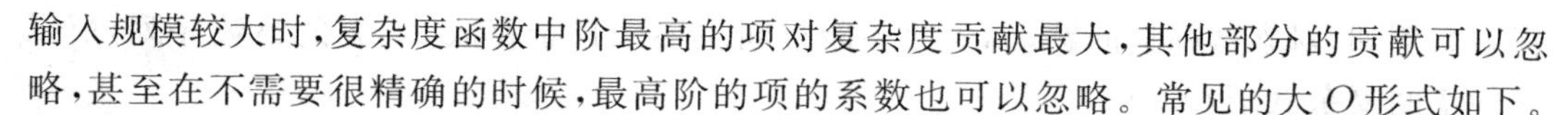

输入规模较大时，复杂度函数中阶最高的项对复杂度贡献最大，其他部分的贡献可以忽略，甚至在不需要很精确的时候，最高阶的项的系数也可以忽略。常见的大 O 形式如下。

(1) $O(1)$表示常数级复杂度，算法的复杂度不随问题的规模增长而增长，是一个常量。

(2) $O(\log n)$表示对数级复杂度。

(3) $O(n)$表示线性级复杂度。

(4) $O(n^c)$表示多项式级复杂度，c 为常数。

(5) $O(c^n)$表示指数级复杂度，c 为大于 1 的常数。

(6) $O(n!)$表示阶乘级复杂度。

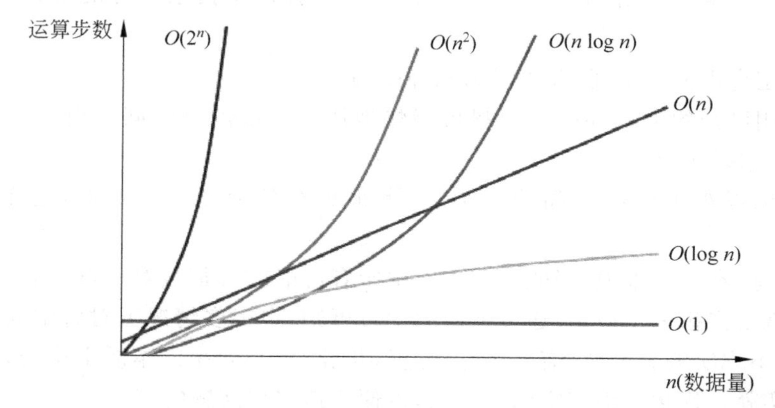

图 3-1 算法复杂度的比较

图 3-1 给出了各种不同算法复杂度下，运算步数随问题规模 n 的增大的变化趋势。假设某台计算机每秒运行 10^6 条指令，表 3-3 给出了各种算法复杂度随问题规模增加，运行时间上的增加程度。表中除明确给出的时间单位外，默认时间单位是秒。

表 3-3 算法复杂度运算时间的比较

n	$O(\log n)$	$O(n)$	$O(n\log n)$	$O(n^2)$
10	0.000 003	0.000 01	0.000 033	0.0001
100	0.000 007	0.0001	0.000 664	0.1
1000	0.000 01	0.001	0.01	1.0
10 000	0.000 013	0.01	0.1329	1.7min
100 000	0.000 017	0.1	1.661	2.78min
1 000 000	0.000 02	1.0	19.9	11.6 天
1 000 000 000	0.000 03	16.7min	18.3 小时	318 世纪

算法的**空间复杂度**是指算法需要消耗的空间资源，即占用的存储空间的大小。算法所需的空间也是问题规模 n 的函数，记为 $S(n)$，S 是英文单词 Space 的第一个字母。空间复杂度函数 $S(n)$一般也用“大 O”表示。同时间复杂度相比，空间复杂度的分析要简单

得多。例如,对素数筛选问题,需要的存储空间主要来自于存放 $2\sim n$ 的整数序列,所以它的空间复杂度是 $O(n)$。

3.4 计算机问题求解的核心方法

计算机问题求解和数学解题、物理解题等一样,也是人进行问题求解的一种有效手段。但是,它又和数学解题等有本质上的不同。解数学题多利用证明、算术等方法证明某个命题是成立的或计算某个问题的结果值是什么。而计算机问题求解从本质上看,其核心方法就是**搜索**,即在问题的**解空间**(所有可能的解)中搜索确定的解,具体来说有以下步骤。

(1) 确定合理的解空间,并表示为某种结构。

(2) 利用已知约束条件(知识)尽可能快地压缩可能的解空间。当解空间已经足够小,就可以"直接"解题了。

(3) 如果很难确定解空间的范围,或者很难有效地缩小解空间,这个题目就"很难"解。

由此可见,本质上来说,当能对解空间中所有可能的解都核对一遍,则一定能找到问题的解,这就是**穷举法**。但是,通过前面的学习可知,在很多情况下对解空间中所有的解遍历一遍是不现实的。因此,需要对算法进行优化,提高效率。本质上来说,对算法的各种优化,其实就是优化压缩解空间的方法,以便快速定位问题的解。

虽然最坏的情况下,可利用穷举法遍历解空间,找到满足问题要求的解。但是,很多时候穷举法自身也存在遍历精度的问题。下面的程序用穷举法求完美立方数,即判断某数是否为某个整数的立方,并找到这个整数:

```
x=int(input('Enter an integer: '))
ans=0
while ans**3<abs(x):
    ans=ans+1
if ans**3 !=abs(x):
    print(x, 'is not a perfect cube')
else:
    if x<0:
        ans=-ans
    print('Cube root of '+str(x)+' is '+str(ans))
```

这个程序中使用的算法技术就是典型的穷举法,它列举出所有的可能性,直到得到一个正确的答案或**遍历**完解空间。虽然穷举法看起来非常笨重和愚蠢,但其往往是最可行的解决问题的方法,因为非常容易实现和理解。这个例子是理想的情况,即如果一个数是某个数的立方,通过穷举总能找到其立方根,能这样做的关键是:猜测某数的立方根时,解空间是整数集合,每次猜测和测试的数是上一次猜测的数加 1。

考虑另外一个问题：求任意非负整数的平方根。与前一个问题的区别是解空间变成了**实数**集合。此时应用穷举法求解时，需要特别考虑：如何决定穷举的步长，每次在上一次猜测的基础上递增多少？0.1、0.01、还是0.001……？对2这样的平方根为非有理数的数，用多少位来表示其平方根(理论上是无限位，但是计算机资源有限，不可能表示无限位的数)？如何考虑误差？等等。可以看到，这个问题在数学上解空间是无限集合，无论如何加快解空间的收缩，缩减的解空间仍是一个无限集合，因此，问题在刚开始时就是无解的。解决办法是在精确性上做一点让步。做了这个让步后，仍能用穷举法进行求解，只是得到的解是**近似的**——即求出来的解与真正的平方根足够接近并且是有用的，这个"足够接近"需要人来设定。下面是用穷举法求近似平方根的程序：

```
x=25
epsilon=0.01
step=epsilon**2
numGuesses=0
ans=0.0
while abs(ans**2-x)>=epsilon and ans<=x:
    ans+=step
    numGuesses+=1
print('numGuesses=', numGuesses)
if abs(ans**2-x)>=epsilon:
    print('Failed on square root of', x)
else:
    print(ans, 'is close to square root of', x)
```

通过修改x的值，可用该程序求不同非负数的平方根。程序中，"足够接近"由变量epsilon定义，猜测的步长是epsilon的平方。运行该程序，得到的结果如下：

```
numGuesses=49990
4.999000000001688 is close to square root of 25
```

为什么程序不输出5呢？这个程序已经没有什么可以指责的了，因为它做了人们想让它做的事。

把25换成0.25会输出一个近似0.5的数吗？并不会！反而会报告说找不到0.25的平方根。请注意，穷举法是一种只有在解空间包含真正的答案时才有用的搜索技术。该程序在0和x之间搜索其近似平方根，当把x赋值为0.25时，x介于0和1之间，而其平方根在区间[0,x]之外。

当需要求平方根的数非常大时，解空间也会变得非常巨大，用穷举法搜索整个解空间将是非常低效的。因此，需要"回头看"，寻求更高效的压缩解空间的方法。一种常用的快速压缩解空间的方法是二分搜索方法。具体到平方根问题，二分搜索思想和规则如下。

(1) 假设 x 的平方根介于[0, max]之间。

(2) [0, max]之间的数是全序的,即对任意两个该区间内不相等的数 n1 和 n2,要么 n1<n2,要么 n1>n2,两者必有一个成立。

(3) 第一次猜测可从(max+0)/2 处开始,如果不是平方根,判断这次猜测是大了还是小了。

① 如果这次猜测大了,则下次猜测的范围在[0,(max+0)/2]内。

② 如果这次猜测小了,则下次猜测的范围在[(max+0)/2, max]内。

按照这个规则,可以不断地快速缩减待搜索的解空间。利用二分搜索求平方根的程序如下:

```
x=25
if x<0:
    print(x,'is a negative number which has no real square root')
else:
    epsilon=0.01
    numGuesses=0
    low=0.0
    high=max(1.0, x)
    ans=(low+high)/2
    while abs(ans**2-x)>=epsilon:
        print('low=', low, 'high=', high, 'ans=', ans)
        numGuesses+=1
        if ans**2<x:
            low=ans
        else:
            high=ans
        ans=(low+high)/2.0
    print('numGuesses=', numGuesses)
    print(ans, 'is close to square root of', x)
```

运行结果为:

```
numGuesses=13
5.00030517578125 is close to square root of 25
```

虽然和穷举法得到的结果不一样,但仍然是满足要求的解。此外可以看到,利用二分搜索,每次对解空间的缩减是原来的一半,而不像穷举法那样逐个比较。

更高效的求平方根的近似算法是 Newton-Raphson 方法。该方法基于牛顿证明的一个定理:

如果某个数(令其为 guess)是一个一元多项式 $p(x)$ 的近似根,那么,guess－$p(\text{guess})/p'(\text{guess})$将会是一个更好的近似根,此处 p'是多项式 $p(x)$的一阶导数。

利用该定理将求某个数(假设为 c)的近似平方根的问题变成了“求多项式 $x^2-c=0$ 的近似根”。牛顿法求近似平方根的程序如下：

```
x=25.0
if x<0:
    print(x,'is a negative number which has no real square root')
else:
    epsilon=0.01
    guess=x/2.0
    numGuesses=0
    while abs(guess * guess-x)>=epsilon:
        print('guess=', guess)
        guess=guess-(((guess * * 2)-x)/(2 * guess))
        numGuesses+=1
    print('numGuesses=', numGuesses)
    print(guess, 'is close to square root of', x)
```

运行结果为

```
numGuesses=4
5.000012953048684 is close to square root of 25
```

最后，对求数的 n 次方根的问题进行再次抽象，利用二分法和 Python 函数机制，编写一个函数，根据参数的不同，可以定义任意的近似精度，以及任意次方根。程序如下，其中参数 x 指定要求根的数、power 表示求几次根、epsilon 指定近似的精度：

```
def findRoot(x, power, epsilon):
    if x<0 and power%2==0:
        return None
    low=min(-1.0, x)
    high=max(1.0, x)
    ans=(high+low)/2.0
    while abs(ans * * power-x)>=epsilon:
        if ans * * power<x:
            low=ans
        else:
            high=ans
        ans=(low+high)/2.0
    return ans
```

3.5 小　结

本章介绍了计算思维的概念，以及其核心本质。计算思维落在实处就是通过建模和模拟，让计算机自动地帮助人们解决问题。通过本章学习，需要了解计算思维的重要性和必要性，掌握计算机问题求解的本质是在解空间中搜索答案，穷举法是最直接的方法，但常常是不现实的。了解对算法的改进本质上是改进缩减解空间的方法。知道由于问题自身的特性，以及计算机本身资源的限制，在精确解不可得时近似解也是可接受的。

习　题

1. 请谈谈什么是计算思维，它有何作用和意义？

2. 什么是算法复杂度？它的意义是什么？对你寻求可计算的解有何指导？

3. 请修改穷举法求解非负整数平方根的程序，使其能求解[0,1)区间的数的平方根。

4. 信用卡分期还款问题：现在各大银行的信用卡都推出了分期还款业务，即每个月还一点（例如消费额的2%）。但是，银行会对未还清的部分收取利息，以此来赚钱。假设你现在消费了5000元，如果采用分期还款，每个月还未还金额的2%，银行对未还清部分收取18%的年利息。请问，一年后，还剩多少消费金额未还？

可用下面的公式进行计算：

每月最低还款额 = 剩余的消费金额 × 还款率
支付利息 =（年利息/12）× 剩余的消费金额
还本金部分 = 每月最低还款额 − 支付利息

因此，第1个月：

每月最低还款额 = 5000 × 0.02 = 100
支付利息 = (0.18/12) × 5000 = 75
还本金部分 = 100 − 75 = 25
剩余消费金额 = 5000 − 25 = 4975

第2个月：

每月最低还款额 = 4975 × 0.02 = 99.5
支付利息 = (0.18/12) × 4975 = 74.63
还本金部分 = 99.5 − 74.63 = 24.87
剩余消费金额 = 4975 − 24.87 = 4950.13

12个月后，总计还款1167.55元，剩余消费金额为4708.10元。

问题1：编写一个Python程序，根据用户输入的消费金额、年利息、每月最低还款率，依据上述公式，计算并输出一年后的剩余消费金额。分别以（4800、20%、2%）和（4800、20%、4%）运行程序。输出示例如下：

```
Enter the outstanding balance on your credit card: 4800
Enter the annual credit card interest rate as a decimal: .2
Enter the minimum monthly payment rate as a decimal: .02
Month: 1
Minimum monthly payment: 96.0
Principle paid: 16.0
Remaining balance: 4784.0
Month: 2
Minimum monthly payment: 95.68
Principle paid: 15.95
Remaining balance: 4768.05
Month: 3
Minimum monthly payment: 95.36
Principle paid: 15.89
Remaining balance: 4752.16
Month: 4
Minimum monthly payment: 95.04
Principle paid: 15.84
Remaining balance: 4736.32
Month: 5
Minimum monthly payment: 94.73
Principle paid: 15.79
Remaining balance: 4720.53
Month: 6
Minimum monthly payment: 94.41
Principle paid: 15.73
Remaining balance: 4704.8
Month: 7
Minimum monthly payment: 94.1
Principle paid: 15.69
Remaining balance: 4689.11
Month: 8
Minimum monthly payment: 93.78
Principle paid: 15.63
Remaining balance: 4673.48
Month: 9
Minimum monthly payment: 93.47
Principle paid: 15.58
Remaining balance: 4657.9
Month: 10
Minimum monthly payment: 93.16
Principle paid: 15.53
Remaining balance: 4642.37
```

```
Month: 11
Minimum monthly payment: 92.85
Principle paid: 15.48
Remaining balance: 4626.89
Month: 12
Minimum monthly payment: 92.54
Principle paid: 15.43
Remaining balance: 4611.46
RESULT
Total amount paid: 1131.12
Remaining balance: 4611.46
```

问题 2：如果想在一年内(可以是 12 个月或少于 12 个月)还清所有的消费金额，每月的最低还款额是多少？请编写一个程序，根据用户输入的消费金额和年利息，计算每月最低还款额。

假设利息的计算是以每月开始时剩余的消费金额计算，则：

月利息 ＝ 年利息 /12

每月剩余消费金额 ＝ 前一个月的剩余消费金额 ×（1 ＋ 月利息）

－ 每月最低还款额

输出示例 1：

```
Enter the outstanding balance on your credit card: 1200
Enter the annual credit card interest rate as a decimal: .18
RESULT
Monthly payment to pay off debt in 1 year: 120
Number of months needed: 11
Balance: -10.05
```

输出示例 2：

```
Enter the outstanding balance on your credit card: 32000
Enter the annual credit card interest rate as a decimal: .2
RESULT
Monthly payment to pay off debt in 1 year: 2970
Number of months needed: 12
Balance: -74.98
```

提示：从一个很小的假设的每月最低还款额开始，看看能不能在 12 个月内还清，如果不行，逐步增大这个假设的每月最低还款额，直到一年内能还清为止。

问题 3：尝试利用二分搜索技术，加快问题 2 的解空间搜索过程。编写程序实现。

提示：二分搜索的上下界可从这两个值考虑。一是如果没有利息，每月需换多少才能在 12 个月内还清？即消费金额/12。二是假设前 11 个月都不还款，在第 12 个月时一次性还清，则需还多少，平摊到 12 个月每月是多少？即（消费金额×（1+（年利息/12））**12）/12。

运行示例 1：

```
Enter the outstanding balance on your credit card: 320000
Enter the annual credit card interest rate as a decimal: .2
RESULT
Monthly payment to pay off debt in 1 year: 29643.05
Number of months needed: 12
Balance: -0.1
```

运行示例 2：

```
Enter the outstanding balance on your credit card: 999999
Enter the annual credit card interest rate as a decimal: .18
RESULT
Monthly payment to pay off debt in 1 year: 91679.91
Number of months needed: 12
Balance: -0.12
```

第二部分
计算机科学篇

利用第一部分所学Python程序设计基础知识、计算思维和计算机问题求解知识，本部分各章节分别介绍大学计算机基础知识。同时，将这些基础知识当作研究对象，进行建模与模拟。本部分介绍的计算机基础知识包括信息及信息的表示与处理、计算机硬件系统基础、图灵机、图灵测试、递归等。通过本章的学习，应能：

(1) 说出递归的核心思想，利用递归设计问题求解方法。

(2) 运用面向对象基础知识及Python面向对象程序设计技术读懂或编写面向对象程序。

(3) 说出信息的概念，列出不同类型信息的数字化方法，利用所学方法对信息进行压缩和加解密处理。

(4) 描述计算机硬件系统运行机制，利用所学知识通过编程对给定指令集的计算机系统进行模拟。

(5) 描述图灵机的构成和运行机制，利用所学知识模拟图灵机。

(6) 描述图灵测试的概念，利用所学知识增强图灵测试程序的能力。

(7) 针对具体问题利用计算思维对问题进行抽象与自动化。

第4章 chapter 4

递 归

4.1 定义及应用

可能已经有人听说过**递归**这个词，认为这是一个和程序设计以及计算机科学家相关的词。但是，递归方法是一种应用广泛的方法，即便是一辈子都不写程序的人也可使用。例如，《中华人民共和国国籍法》对“中国国籍”的认定如下。

(1) 中华人民共和国是统一的多民族的国家，各民族的人都具有中国国籍。

(2) 父母无国籍或国籍不明，定居在中国，本人出生在中国，具有中国国籍。

(3) 父母双方或一方为中国公民，本人出生在中国，具有中国国籍。

(4) 父母双方或一方为中国公民，本人出生在外国，具有中国国籍；但父母双方或一方为中国公民并定居在外国，本人出生时即具有外国国籍的，不具有中国国籍。

第(1)条是最基本的情况。在运用后面3条标准认定某人(设为A)的中国国籍时，需要回溯去看父母的国籍，而要判断父母的国籍，则要回溯到爷爷、奶奶、外公、外婆那一辈，这个过程将持续下去，直到某一辈的国籍能很容易地判断出来(即第(1)条)，而不需要再回溯至上一辈。得到这一辈的国籍后，沿着刚才的回溯路径就能认定A是否具有中国国籍。这是一个很典型的递归定义，由两部分构成。

① 至少一个**基础项**(base case)，能直接得到结果(如上面第(1)条)。

② 至少一个**递归(归纳)项**(recursive (inductive) case)，需要依赖于该问题对其他输入的解，一般来说是同样的问题的简化版(如上面第(2)~(4)条)。

除了日常生活中的例子，数学中递归的例子也非常多，例如，阶乘运算的递归定义：

```
1!=1
n!=n×(n-1)!
```

第1个等式定义了基础项，第2个等式定义了除基础项外，其他所有自然数的阶乘与其前一个自然数阶乘的关系。将阶乘运算看作为一个函数，设为$f(n)$，则上面的公式可转换成：

$$f(n) = \begin{cases} 1, & n = 1 \\ n \times f(n-1), & n > 1 \end{cases}$$

从上式可看出，要计算 $f(n)$的值，除了当 $n=1$ 时能直接得到外，n 取其他值时都需要再用到 f 函数。很容易将上式用程序表达出来，如下所示。可以看到，函数 fR 的函数体内又调用了函数 fR。这种在函数内部调用自己的方式称为**递归调用**，这是程序设计语言支持递归的基础。

```
def fR(n):
    if n==1:
        return n
    return n * fR(n-1)
```

fI 是阶乘计算的循环实现。与 fR 相比，当调用 fI 时，如果参数是正整数，则循环一定会结束，因为循环条件 n 在不断地减小，不会永远大于 1。类似地，如果用 1 作为参数调用 fR，将会立即结束函数并返回，而不会进入递归调用。当用其他正整数为参数调用 fR 时，将会进入递归调用，但是每次都是用比参数值小 1 的值进行递归调用，最终，某次递归调用的值一定会变成 1，从而结束并返回上一次递归调用，最终，对函数 fR 的调用会结束并返回结果。

```
def fI(n):
    res=1
    while n>1:
        res=res * n
        n -=1
    return res
```

以 5 为参数调用 fR 函数，其计算过程如图 4-1 所示，为了计算 5!，要先计算出 4!，要计算 4!，又要先计算出 3!的结果，要得到 3!的结果，则要先计算 2!，而求 2!又需要先计算 1!。根据定义，1!为 1，有了 1!的值就可以计算 2!了，有了 2!的值就可以计算出 3!的值，有了 3!的值就可以算出 4!的值，最后可以得到 5!的结果。这种解决问题的方法具有明显的递归特征。从这个计算过程可以看到，一个复杂的问题，被一个规模更小、更简单

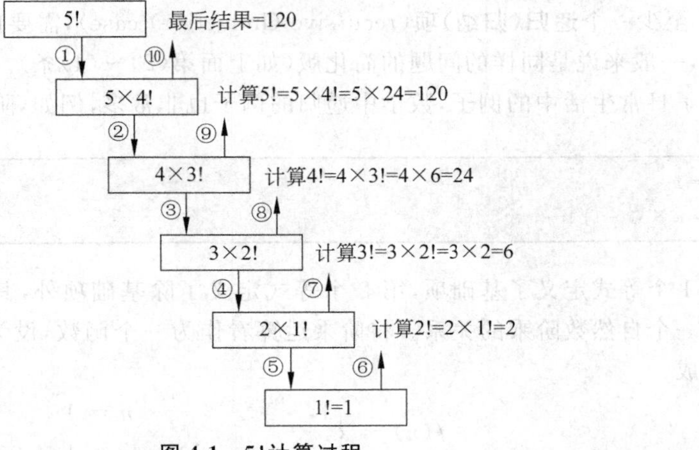

图 4-1　5!计算过程

的同类型问题替代了，经过逐步分解，最后得到了一个规模非常小、非常简单的、更容易解决的同类型问题，将该问题解决后，再逐层解决上一级问题，最后能解决较复杂的原始的问题。

类似于阶乘的算式有很多，可用递归函数来实现。如斐波那契数：

$$\text{fib}(n)=\begin{cases}1, & n=0\\ 1, & n=1\\ \text{fib}(n-1)+\text{fib}(n-2), & n>1\end{cases}$$

又例如，求最大公约数的计算公式，其中%表示取模运算：

$$\text{gcd}(m,n)=\begin{cases}m, & n=0\\ \text{gcd}(n,m\%n) & n\neq 0\end{cases}$$

除了数学上的问题，递归方法还可用来解决其他问题。下面的代码实现了判断一个字符串是否为回文的功能，所谓**回文**，指的是某字符串从左往右读和从右往左读都是一样的。

```
def isPalindrome(s):
    def toChars(s):
        s=s.lower()
        ans=''
        for c in s:
            if c in 'abcdefghijklmnopqrstuvwxyz0123456789':
                ans=ans+c
        return ans
    def isPal(s):
        print('  isPal called with', s)
        if len(s)<=1:
            print('  About to return True from base case.')
            return True
        else:
            ans=s[0]==s[-1] and isPal(s[1:-1])
            print('  About to return', ans, 'for', s)
            return ans
    return isPal(toChars(s))
```

isPalindrome 函数中有两个辅助函数 toChar 和 isPal。toChar 将字符串中所有字母变成小写，并将所有非字母和数字的字符去除。isPal 函数用递归方法进行真正的回文判断。基础项有两个：分别是字符串长度为0和1。当字符串长度大于等于2时，就会进入递归调用。isPalindrome 函数的实现采用了**分而治之**策略，将一个难的问题分解成一系列子问题。使得：

(1) 与原问题相比，子问题更容易一些。

(2) 子问题的解组合后能解决原问题。

利用该策略，isPalindrome 将回文判断问题分解为同类问题的更简单的一个问题：判断比原字符串短的字符串是否是回文——如果字符串的头尾字符相等，则从该字符串去掉头尾字符后，利用相同的方法继续判断剩余的字符串是否为回文。

分而治之是一个很古老的策略，中国古代故事中的“一根筷子容易折，一把筷子折不断”就是这样的例子。英国人对印度殖民地的统治就采用了分而统治（divide and rule），富兰克林对英国人的这种手法非常了解，在签订《独立宣言》时说：“我们必须团结一致，否则会被一一绞死（We must all hang together, or we shall all hang separately）”。

还可利用递归来画图，例如**分形**中著名的科赫曲线（Koch curve），图 4-2 左边给出了 0～3 阶科赫曲线，右边为 0～2 阶科赫曲线的绘制命令。命令是一组由字符 F、R 和 L 构成的字符串，F 表示沿当前方向向前画直线，L 表示向左转 60°，R 表示向右转 120°。根据绘制命令，可利用 Python 的 Turtle 对象绘制科赫曲线。

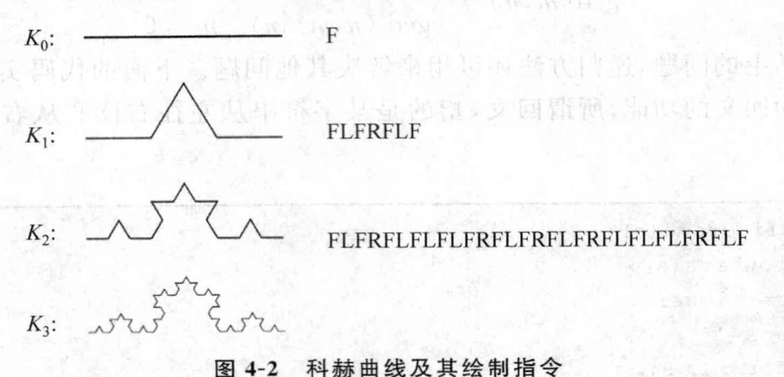

图 4-2 科赫曲线及其绘制指令

在具体绘制之前，对科赫曲线绘制命令进一步分析，可以发现这些绘制命令具有一定的规律，如图 4-3 所示，图 4-3(a)可以得出 1 阶绘制命令与 0 阶绘制命令的关系，图中 0 阶命令用方框围绕。图 4-3(b)可以得出 2 阶绘制命令与 1 阶绘制命令的关系，其中 1 阶绘制命令用方框围绕。进一步分析可发现下述规律：

n 阶绘制指令＝（n－1 阶绘制指令）＋L＋（n－1 阶绘制指令）
＋R＋（n－1 阶绘制指令）＋L＋（n－1 阶绘制指令）

[F] L [F] R [F] L [F]

(a) 1阶科赫曲线绘制指令与0阶指令的关系

[FLFRFLF] L [FLFRFLF] R [FLFRFLF] L [FLFRFLF]

(b) 2阶科赫曲线绘制指令与1阶指令的关系

图 4-3 科赫曲线绘制指令

这是典型的递归关系，其 Python 实现如下：

```
def koch(n):
    if n==0:
        return 'F'
    tmp=koch(n-1)
    return tmp+'L'+tmp+'R'+tmp+'L'+tmp
```

下面是利用上面定义的科赫函数代码和 Turtle 对象绘制 n 阶科赫曲线的代码：

```
def drawKoch(n):
    s=Screen()
    t=Turtle()
    directions=koch(n)
    for move in directions:
        if move=='F':
            t.forward(300/3**n)
        if move=='L':
            t.lt(60)
        if move=='R':
            t.rt(120)
```

4.2 递归与数学归纳法

递归与数学中的**数学归纳法**有一定的联系，可以看作是镜子的两面，如图 4-4 所示。递归在处理规模为 n 的问题时，将 n 减小为 $n-1$ 或 $n-2$，而数学归纳法在证明规模为 n 的命题时，先假设 $n-1$ 成立，再从 $n-1$ 推演到 n 成立。因此，归纳和归纳法就分别像镜子前的物体和镜中的像。

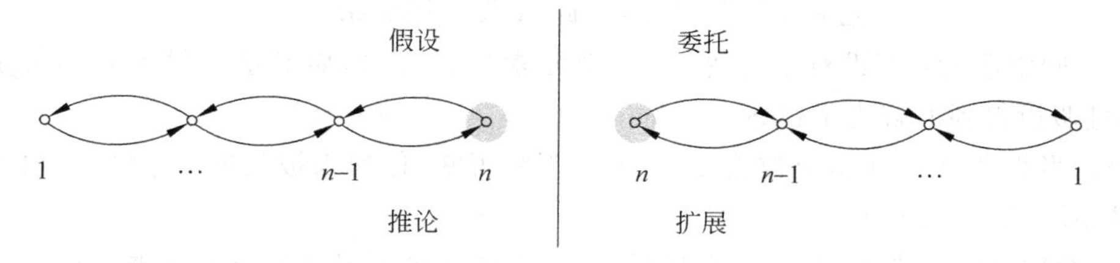

图 4-4 递归与归纳法的关系

这种对称性对算法设计有启发作用：将求解规模为 n 的问题看作是证明规模为 n 的命题是成立的，利用数学归纳法进行证明，而在构造具体的计算的解时，逆向地利用归纳法的证明过程，即可方便地得到问题解的递归算法。

归纳法使得人们在解决问题时首先聚焦于小规模的问题，然后利用在小规模问题的求证和假设，将解决方法推广到更大规模的同类问题上。利用归纳法设计递归算法的优势如下。

(1) 提供了一种系统化的算法设计方法。

(2) 在设计算法的同时就证明了算法的正确性。

4.2.1 最大子集问题

下面用一个例子展示如何利用数学归纳法设计递归算法，这样设计出来的递归算法是经过证明的,能保证其正确性。

这个问题是日常生活中实际问题的抽象。例如,日常生活中重大活动安排贵宾的座位时,有些贵宾对座位有特殊要求,如喜欢坐哪个位置、不坐哪些位置,等等。对贵宾和座位编号后,就抽象成了下面的问题,问题描述如下。

问题:给定一个集合 A 和一个从 A 到 A 的全函数 f(所谓全函数,指的是函数的定义域为集合 A),寻找元素个数最多的一个子集 $S\subseteq A$,S 满足:

(1) f 把 S 中的每一个元素映射到 S 中的另一个元素(即 f 把 S 映射到它自身)。

(2) S 中没有两个元素映射到相同的元素(即 f 在 S 上是一对一函数)。

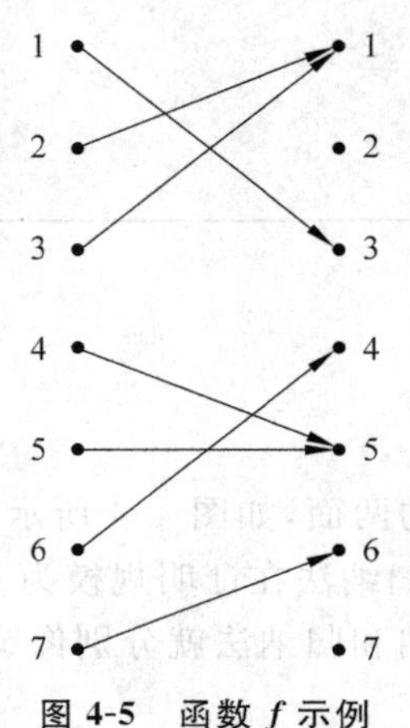

图 4-5 函数 f 示例

分析:如果函数 f 已经是一对一函数,则答案是集合 A。如果对某些 $i\neq j$,有 $f(i)=f(j)$,则 S 不能同时包含 i 和 j。但是,i 和 j 的选择不是任意的。如图 4-5 所示,子集 S 中不能同时包含元素 2 和 3,因为 $f(2)=f(3)=1$。如果决定去掉元素 3,那么必须同时去掉元素 1(因为要求"f 把 S 映射到它自身",而 3 已经去掉,就不在集合 S 中了);但是如果去掉了 1,则 2 也必须被去掉。但是这样得到的子集 S 不是最大的,因为一眼就可看出:去掉 2 后,可以得到最大子集 $S=\{1, 3, 5\}$满足要求。因此,要设计一个解决这个问题的通用算法,以决定在 S 中包含哪些元素。

首先利用归纳法证明这个问题是有解的。

(1) 基础项:当集合 A 只有 1 个元素时,则函数 f 必然将该元素映射到自己,因此 A 就是满足条件的解。

(2) 归纳假设:假设对于包含 $n-1$ 个元素的集合 A,如何求满足条件的解是已知的,并且假设得到的解为子集 S。

(3) 当集合 A 的元素个数为 n 时,通过观察可知,任何未被其他元素映射到的元素,假设为 k,一定不在子集 S 内。

① 对这样的元素 k,从 A 中将其删除,就能将 A 的元素个数从 n 个减少到 $n-1$ 个,得到集合 $A'=A-\{k\}$。而根据归纳假设,已经知道如何求 A'的满足条件的子集 S。

② 如果不存在这样的元素 k,则说明 f 已经是一对一函数了,A 就是满足条件的解。

算法设计:上述的证明过程给出了求 S 的一般方法。将证明过程反过来看,从第 3 步到第 2 步(归纳假设步),就是如何将一个大问题(n 个元素)分解成一个同样的但规模变小的问题($n-1$ 个元素)的过程。而从第 3 步到第 1 步,就是如何将一个大问题(n 个元素)分解成一个马上能得到解(基础项)的问题的过程。这就是分而治之的策略,也是递归的思维方式。基于归纳证明,设计出来的 Mapping 算法的原理非常简单,是一个典型的递归过程。

(1) 如果元素个数为 1,直接返回 A,算法结束。

(2) 否则,如果不能找到一个元素,没有其他元素映射到其上,直接返回 A,算法结束。

(3) 否则,从集合 A 中去掉这样的元素,用得到的新集合递归调用 Mapping。

Mapping(*A*, *f*)**算法**

```
输入:
    集合 A;
    集合 A 到集合 A 的映射 f;
输出:
    满足条件的子集 S;
1: if 集合 A 只有 1 个元素 then
2:     return A
3: else if 能找到一个没有其他元素映射到其上的元素,设为 k then
4:     A=A-{k};
5:     f=从 f 中删除所有包含 k 的映射关系;
6:     return Mapping(A, f);
7: else
8:     return A;
9: end if
```

Mapping 算法是从归纳法证明中导出的,因此,能保证该算法的正确性,并且每次递归调用时,集合 A 的元素个数都在减少,因此能保证算法会结束。用 Python 实现 Mapping 算法如下。

```python
def findNomap(A, f):
    for a in A:
        mapped=False
        for m in f:
            if m[1]==a:
                mapped=True
                break
        if mapped==False:
            return a
    return None
def mapping(A, f):
    if len(A)==1:
        return A
    a=findNomap(A, f)
    if not(a is None):
        A.remove(a)
        for m in f[:]:
            if m[0]==a or m[1]==a:
                f.remove(m)
        return mapping(A, f)
    else:
        return A
```

对图 4-5 的示例，集合 A 到 A 的函数 f 用序偶的集合表示，每个序偶表示图 4-5 箭头连接的两个元素，左边的元素是序偶的第一维分量，右边为第二维分量。利用图 4-5 的示例，运行 mapping 程序如下：

```
>>>A=[1, 2, 3, 4, 5, 6, 7]
>>>f=[(1, 3), (2, 1), (3, 1), (4, 5), (5, 5), (6, 4), (7, 6)]
>>>S=mapping(A, f)
>>>print(S)
[1, 3, 5]
```

4.2.2 排序

将杂乱无章的数据元素，通过一定的方法按关键字顺序排列的过程称为**排序**。在日常生活、学习和工作中经常会进行这个活动，例如，对书架上的书按厚薄进行排列或按纸张大小进行排列；对钱包中的纸币按面值大小进行整理，等等，本质上都是一种排序活动。排序也是计算机内经常进行的一种操作，其目的是将一组无序的记录序列调整为有序的记录序列。

从递归与归纳的角度看排序问题，可以很容易地用归纳证明的思想推导出递归排序算法。假设要对 n 个物体进行排序，排序的依据可以是各种标准，例如，尺寸、质量、字典顺序等，对这些标准可以进行抽象，用数值进行衡量。因此，不失一般性，下面关于排序的讨论以整数大小排序为例子，但是问题求解思路和推导出来的算法可以很容易地推广到其他标准的排序问题。

对 n 个整数按照大小关系从小到大进行排序的问题，首先可用数学归纳法证明这样的排序是可行的、是存在的，证明如下。

(1) 若 n 为 1，即只有一个整数，则不需要排序。

(2) 假设对 $n-1$ 个整数如何排序的问题已经解决了，即当整数个数为 $n-1$ 个时，怎么排序是知道的。

(3) 当对 n 个整数排序时，从这 n 个整数中取出 1 个，则根据归纳假设，剩余的 $n-1$ 个整数的排序问题已经解决了，则只要将取出的那个整数放到已排好序的 $n-1$ 个整数序列中适当位置即可。

① 如果取出来的那个整数是随机的，假设为 i，则在将 i 放回到 $n-1$ 个排好序的整数中时，需要将 i 插入到适当的位置，这就是**插入排序**。

② 如果取出的那个整数是特殊的，如 n 个整数中最大的那个，则在将其放回到 $n-1$ 个排好序的整数序列中时，只要将其放于序列最后即可，这就是**选择排序**。

基于上述证明过程，很自然地可得到插入排序和选择排序的算法，如下所示。

InsertSort(seq, n)算法	SelectSort(seq, n)算法
输入: 整数序列 seq; 整数个数 n; 输出: 排好序的整数序列 seq; 1: if 只有 1 个整数 then 2: return 3: InsertSort(seq, n-1) 4: 将第 n 个整数依次与前 n-1 个已排好序的整数比较 5: if 其数值介于两个相邻整数之间,then 6: 将第 n 个整数插入到这两个整数之间	输入: 整数序列 seq; 整数个数 n; 输出: 排好序的整数序列 seq; 1: if 只有 1 个整数 then 2: return 3: 从 n 个整数中选择最大的整数,设为 k; 4: 将整数 k 与 seq 最后一个元素交换位置; 5: SelectSort(seq, n-1)

根据上述算法,用 Python 分别实现插入排序与选择排序,程序如下。请注意插入排序中要将整数插入到已排好序的序列中时,需要将插入位置右边的所有整数右移一个位置。另一个需要注意的地方是,由于 Python 中序列数据结构索引从 0 开始,若 seq 中有 n 个元素,则应用 $n-1$ 为参数调用这两个函数,即 InsertSort(seq, $n-1$)和 SelectSort(seq, $n-1$)。

```
def InsertSort(seq, n):
  if n==1:
    return
  InsertSort(seq, n-1)
  j=n
  while j>0 and seq[j-1]>seq[j]:
    seq[j-1], seq[j]=seq[j],
        seq[j-1]
    j=j-1
```

```
def SelectSort(seq, n):
  if n==1:
    return
  max_j=n
  for j in range(n):
    if seq[j]>seq[max_j]:
      max_j=j
  seq[n], seq[max_j]=seq[max_j],
      seq[i]
  SelectSort(seq, n-1)
```

上述证明和算法设计的基础是第一数学归纳法,归纳过程是从 $n-1$ 归纳到 n 的,排序过程中每次只处理一个整数。运用第二数学归纳法,可每次处理多个整数。第二数学归纳法中,不是从假设 $n-1$ 归纳出 n,而是假设所有"$<n$"规模的命题成立,然后归纳出 n。因此,针对 n 个整数排序问题,可以在排序时假设所有整数个数小于 n 的序列的排序问题已经解决了,然后利用归纳假设可高效地解决 n 个整数的排序问题。

(1) n 为 1 时,不需要排序。

(2) 假设对所有 $k(k<n)$个整数的排序问题已经解决了。

(3) n 个整数时,需要考虑的问题就是如何将 n 个整数分解成几份,每一份的整数个

数小于 n。此时，可以从 n 个元素中取出一个整数，假设为 i，以 i 为基准，将所有小于 i 的整数置于 i 的左边，而所有大于 i 的整数置于 i 的右边。由此将 n 个整数分成了 3 份：大于 i 的数、i、小于 i 的数，并且每一份的整数个数都小于 n。根据归纳假设，每一份的排序是有解的。

按照上述归纳证明，可以很容易地得到下面的排序算法，相比于插入排序和选择排序算法，该算法每次能处理多个整数的排序，效率会大幅提高，这就是非常著名的**快速排序**算法。算法中第 5 句话的"+"是序列的拼接操作。

```
QuickSort(seq)算法

输入:
    整数序列 seq;
输出:
    排好序的整数序列 seq;
1: if seq 整数个数为 1 then
2:     return
3: 从 seq 中任取一个整数,设为 k;
4: 将 seq 划分成 3 份: 小于 k 的整数序列 Sk、k、大于 k 的整数序列 Bk;
5: return QuickSort(Sk)+k+QuickSort (Bk)
```

借助 Python 的 lambda 函数，可以很容易地实现快速排序算法，程序如下所示：

```
quick_sort=lambda xs : \
    quick_sort([x for x in xs[1:] if x<xs[0]]) \
   +[xs[0]] \
   +quick_sort([x for x in xs[1:] if x>=xs[0]]) \
    if len(xs)>1 else xs
```

调用 quick_sort 函数的示例如下：

```
from random import randrange
seq=[randrange(100) for i in range(100)]
quick_sort(seq)
```

4.3 动态编程

递归是一种很强大的思维和问题求解泛型，递归的实现也使得程序看起来非常简洁和规整。但是，相比于其他等价的程序实现(如循环等)，递归程序的运行效率是比较低的，存在大量的重复计算。以求斐波那契数的递归程序为例。下面代码按照 4.1 节所给的斐波那契数计算公式，利用递归进行了实现：

```
def fib(n):
    if n==0 or n==1:
        return 1
    else:
        return fib(n-1)+fib(n-2)
```

这个实现的效率是非常低的,一直在做重复计算。以求 fib(6)为例,其计算树如图 4-6 所示。为了计算 fib(5),需要计算 fib(4)和 fib(3),而在计算 fib(4)时又计算了一次 fib(3),从图 4-6 中看 fib(3)的计算共有 3 次。为改进运行效率,自然想到是否能将类似于 fib(3)的这些中间结果保存起来,当再次需要用到该结果时,不是重新计算,而是直接查表得到。这种想法称为**存储记忆**(memorization),这是**动态编程**(dynamic programming)的核心思想。

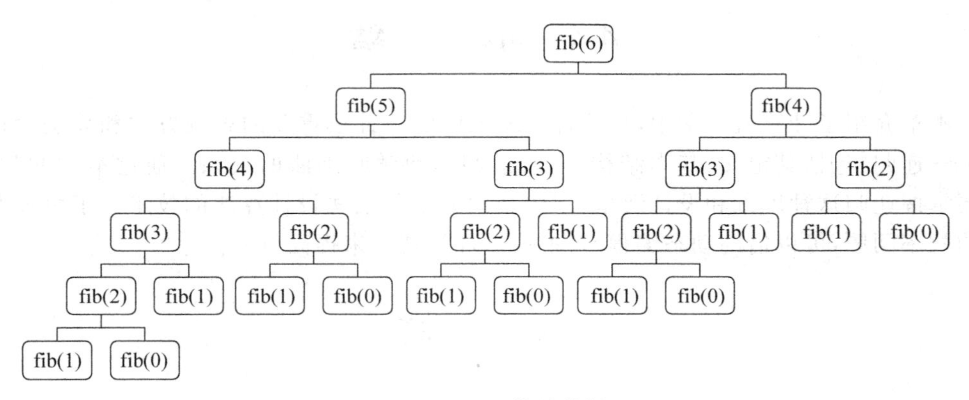

图 4-6 fib(6)的计算树

按照这种思想对 fib 递归函数进行改进,新定义的函数 fastFib 相比于递归函数 fib 增加了一个参数 memo,用于跟踪记录已经计算出来的值,memo 的初始值为空,memo 在实现上是一个字典。计算第 n 个斐波那契数时,当参数 n 大于 1 时,首先在 memo 中找 n 的 fib 值,如果不在 memo 中,报一个异常,并由 fastFib 利用常用的递归公式计算 n 的 fib 值,然后保存于 memo 中供下次使用。

```
def fastFib(n, memo={}):
    if x==0 or x==1:
        return 1
    try:
        return memo[n]
    except KeyError:
        result=fastFib(n-1, memo)+fastFib(n-2, memo)
        memo[n]=result
        return result
```

可以对比一下 fin(120)和 fastFib(120)的运行时间，可以发现后者极大地改进了求斐波那契数的效率。引入动态编程思想后，fastFib 的复杂度变为了 $O(n)$，因为对每个 n，该函数只计算了一次 n 的 fib 值。

从这个例子可以看出，动态编程在解决具有重叠的子问题和最优子结构特性的问题时，效率非常高，大多数优化问题都具备这些特性。

(1) 最优子结构：一个问题具有最优子结构特性，指的是该问题的全局最优解能通过组合子问题的解得到。例如，求斐波那契数问题，第 n 个斐波那契数可以通过组合第 $n-1$ 和第 $n-2$ 个斐波那契数得到。

(2) 重叠子问题：一个问题具有重叠子问题特性，指的是该问题的最优解涉及对相同问题的多次求解。例如，求斐波那契数问题，求第 6 个斐波那契数时，涉及多次求第 3 个斐波那契数的求解。

4.4 小结

本章介绍了计算机科学中，也是计算思维中的一种很重要的思维方式和算法设计模式——递归，包括其定义、基本结构，以及递归与数学归纳法的关系。通过本章的学习，需要掌握递归这种思维和设计泛型，了解利用数学归纳法设计算法的技术。了解递归程序的效率问题，可以借助动态编程、转换成循环等技术来提高效率。

习题

1. 请谈谈你对递归的理解，并描述它与归纳法的关系。

2. 请尝试将本章用递归实现的选择排序和插入排序算法用循环结构实现。

3. 编写一个递归函数，近似地计算黄金分割。计算公式如下：

$$\begin{cases} f(N) = 1, & \text{if } N = 0 \\ f(N) = 1 + 1/f(N-1), & \text{if } N > 0 \end{cases}$$

其中 N 是用户输入的整数。

4. 对求斐波那契数的方法进行改进，公式如下：

$$F(0) = 0$$
$$F(1) = 1$$
$$F(2n-1) = F(n-1)^2 + F(n)^2$$
$$F(2n) = (2F(n-1) + F(n)) \times F(n)$$

请根据上面公式，用递归实现改进的斐波那契数求解方法，并观察能计算的最大 n 是多少。

5. 编写递归函数，根据用户输入的整数 N，输出格式化的 * 组成的图案。当用户输入 4 时，图案示例如下：

```
* * * *
* * *
* *
*
*
* *
* * *
* * * *
```

提示：考虑编写两个递归函数，一个用于根据 N 输出图形的上半部分，一个输出下半部分。

6. 编写一个递归函数 int vowels(string s)，统计字符串 s 中元音字母的数目并返回(注意：要考虑元音字母的大小写)。

7. 编写一个递归函数 int sumSquares(int n)，计算 $0\sim n$ 各个数的平方和。

8. 冯·诺依曼不但是一位计算机科学家，而且是很有名的数学家，他用集合来定义自然数系统，定义如下：

0 = {} = {}
1 = {0} = {{}}
2 = {0, 1} = {{}, {{}}}
3 = {0, 1, 2} = {{}, {{}}, {{}, {{}}}}
…

请根据上述定义，写出递归函数，由用户输入一个自然数 N，输出该自然数对应的集合表示。例如，如输入为 2，则输出为{{}, {{}}}。

第5章 chapter 5

信息、信息表示及处理

我们经常说或听到“信息技术”、“21世纪是信息时代”、“计算机是人类社会进入信息时代的基础和重要标志”等耳熟能详的词语和语句。那么，到底什么是信息呢？一般来说，**信息**是客观存在的表现形式，是事物之间相互作用的媒介，是事物复杂性和差异性的反映。更有意义的是，信息是对人有用、能够影响人的行为的数据。信息可以是不精确的，可以是事实，也可以是谎言。香农(Shannon)也对信息下过定义：**信息是事物运动状态或存在方式的不确定性的表述**，即信息是确定性和非确定性、预期和非预期的组合。

5.1 信息论基础

信息是个很抽象的概念。我们常常说信息量很大，或者信息量较少，但却很难说清楚信息量到底有多少。通常人们通过各种消息获得信息，那么，每条消息带来的信息量是多少呢？即存在信息量如何度量的问题。比如一本五十万字的中文书到底有多少信息量？1948年，香农提出了信息熵的概念，解决了信息量的度量问题。一般来说，信息度量的尺度必须统一，有说服力，因此，需要遵循下面几条原则。

(1) 能度量任何消息，并与消息的种类无关。

(2) 度量方法应该与消息的重要程度无关。

(3) 消息中所含信息量和消息内容的不确定性有关。

在继续讨论之前，回顾一下人类对问题的认识过程。通常碰到一个问题时，开始时对问题毫无了解，对它的认识是不确定的。然后，人们会通过各种途径获得信息，逐渐消除不确定性。最后，经过不断地尝试，人们对这一问题会非常了解，此时，不确定性将会变得很小。如图5-1所示，人们对问题的认识是通过不断获得信息，消除对问题认识的不

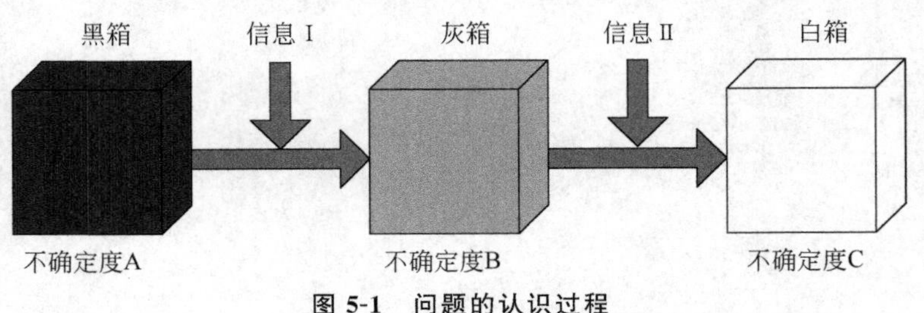

图 5-1 问题的认识过程

确定性的过程，是一个从黑盒到灰盒，最后变成白盒的过程。因此，启发人们尝试用消除不确定性的多少来度量信息。下面的例子展示了不确定性与信息度量之间的关系。

例 5-1 当你去大会堂找某个人时，甲告诉你两条消息：①此人不坐在前十排；②他也不坐在后十排。乙只告诉你一条消息：此人坐在第十五排。问谁提供的信息量大？

分析：乙虽然只提供了一条消息，但这一条消息对此人在什么位置上这一不确定性消除得更多，所以后者包含的信息量应比前者提供的两条消息所包含的总信息量更大。

例 5-2 假如在盛夏季节气象台突然预报"明天无雪"的消息。一般来说在明天是否下雪的问题上，根本不存在不确定性，所以这条消息包含的信息量为零。但是播报"明天有雪"的消息更令人惊讶，信息量更大。

通过对消息中不确定性消除的观察和分析，香农（美国贝尔实验室）应用概率论知识和逻辑方法推导出了信息量的计算公式。**事件的不确定程度可以用其出现的概率来描述**，消息出现的概率越小，则消息中包含的信息量就越大。

令 $P(x)$ 表示消息 x 发生的概率，有 $0 \leqslant P(x) \leqslant 1$；令 I 表示消息 x 中所含的信息量，则 $P(x)$ 与 I 的关系满足：

(1) I 是 $P(x)$ 的函数：$I = I[P(x)]$。

(2) $I[P(x)]$ 是一个连续函数，即如果消息只有细微差别，则其包含的信息量也只有细微差别。

(3) $I[P(x)]$ 是一个严格递增函数。

(4) $P(x)$ 与 I 成反比，即 $P(x)$ 增大则 I 减小，$P(x)$ 减小则 I 增大。

(5) $P(x)=1$ 时，$I=0$，即如果消息 x 发生的概率为 1，并且我们被告知消息 x 发生了，则我们没有获得任何信息；$P(x)=0$ 时，$I=\infty$。

定义 5-1 **自信息量**是一个事件（消息）本身所包含的信息量，它是由事件的不确定性决定的，定义为

$$I(x) = \log_a \frac{1}{P(x)} = -\log_a P(x)$$

(1) 若 $a=2$，信息量的单位称为比特(bit)，可简记为 b。

(2) 若 $a=\mathrm{e}$，信息量的单位称为奈特(nat)。

(3) 若 $a=10$，信息量的单位称为哈特莱(Hartley)。

自信息量说明：

(1) 事件 x 发生以前，事件发生的不确定性的大小。

(2) 当事件 x 发生以后，事件 x 所含或所能提供的信息量（在无噪情况下）。

自信息量是信源（或消息源，见图 5-2）发出某一具体消息所含有的信息量，发出的消息不同所含有的信息量不同。因此，自信息量不能用来表征整个信源的不确定度。通常用**平均自信息量**表征整个信源的不确定度，**平均自信息量**指的是事件集（用随机变量表示）所包含的平均信息量，它表示信源的平均不确定性，又称为**信息熵**或**信源熵**，简称为**熵**。香农信息论的开创性想法，为一个消息源赋予了一定的信息熵。简单地说，假设 S 为一个信源，它能发出的消息来自于集合 x_1、x_2、…、x_n，S 发出消息 x_1、x_2、…、x_n 的概率分别为 p_1、p_2、…、p_n，其中 $p_i \geqslant 0$，并且有 $\sum_{i=1}^{n} p_i = 1$。则根据自信息量公式，S 发出消息 x_i

时，接收端可以获得 $I(p_i)=-\log_2 p_i$ 位的信息量，则每个消息 x_i 包含的平均信息量为

$$H(x)=\sum_{i=1}^{n} p_i I(p_i)=-\sum_{i=1}^{n} p_i \log_2 p_i \quad (\text{比特})$$

$H(S)$ 称为信源 S 的熵①。信源的熵可以指信源输出后，消息所提供的平均信息量；也可以指信源输出前，信源的平均不确定性；或信息的随机性。

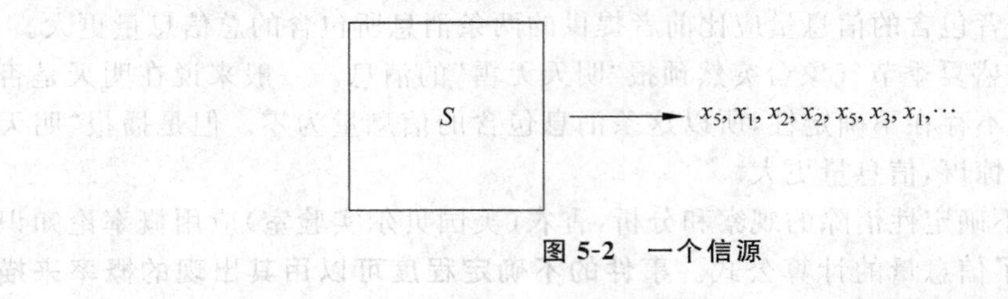

图 5-2 一个信源

根据上面的定义和信息熵的公式，可以对日常生活中各类现象包含的信息量进行度量，以下几个例子说明了如何进行度量。

例 5-3 投掷一枚骰子的结果有 6 种，即出现 1～6 点，且出现每种情况的概率均为 1/6，故熵 $H=-\sum_{i=1}^{6}\frac{1}{6}\log_2\frac{1}{6}=\log_2 6\approx 2.585$（比特）。

例 5-4 抛一枚硬币的结果为正、反面两种，出现的概率均为 1/2，故熵 $H=-\sum_{i=1}^{2}\frac{1}{2}\log_2\frac{1}{2}=\log_2 2=1$（比特）。

例 5-5 向石块上猛摔一只鸡蛋，其结果必然是将鸡蛋摔破，出现的概率为 1，故熵 $H=\log_2 1=0$（比特）。

例 5-6 某离散信源由 0、1、2 和 3 四个符号组成，它们出现的概率分别为 3/8、1/4、1/4 和 1/8，且每个符号的出现都是独立的。试求某消息“201020130213001203210100321010023102002010312032100120210”的信息量。

解：信源的平均信息量为 $H=-\frac{3}{8}\log_2\frac{3}{8}-\frac{1}{4}\log_2\frac{1}{4}-\frac{1}{4}\log_2\frac{1}{4}-\frac{1}{8}\log_2\frac{1}{8}=1.906$（比特/符号）。因此，这条消息的信息量为 $I=57\times 1.906=108.64$（比特）。

从上述例子可以看出，香农利用信息的熵回答了消息的信息量的问题：**即任一消息的信息量由用于传输该消息的 1 和 0 的数量构成**。

5.2 信息的数字化

在 5.1 节中一直用 2 为底的对数求信息熵，得到的信息量的单位为 bit（比特，又称为位），而位这个单位，恰好是二进制信息表示的基本单位，又称为二进制位。在香农著名

① 假设信源 S 是离散无记忆信源，即消息 x_i 之间是独立同分布的。关于更多信息论的论述，有兴趣的读者可参考 Thomas M. Cover and Joy A. Thomas. 2006. *Elements of Information* Theory 2nd *Ed*. *Wiley-Interscience*，机械工业出版社出版了中文版。

的论文《通信的数学理论》(*A Mathematical Theory of Communication*)第1页中该术语第一次被正式使用。香农在其1938年的硕士论文《继电器与开关电路的符号分析》(*A Symbolic Analysis of Relay and Switching Circuits*)中,探讨了如何用硬件电路来实现二进制的运算,奠定了数字电路的理论基础,被评论为"这可能是20世纪最重要、最著名的一篇硕士论文"。香农也因此被称为信息论和数字电路设计理论之父。

二进制是计算机信息表示的基础,计算机中用0和1构成的字串来表示各种信息。将声、光、电、磁等信号及语言、图像、报文等信息转变成为0和1字串编码后进行处理、存储、传递,称为信息的**数字化**。

5.2.1 数值的数字化

一个数值能够用不同进制表示,这些表示之间存在转换关系。计算机使用二进制表示数值,而人类惯用十进制。当将数值输入到计算机中时,必须将十进制转换为二进制,而将计算机中的数值输出时,一般要将其转换为十进制,以便于人阅读和理解。对整数而言,虽然进制不同,但是一个数的不同进制表示在数值上是相等的,因此有

$$(N)_{10} = a_n \times 2^n + \cdots + a_1 \times 2^1 + a_0 \times 2^0 \qquad (5\text{-}1)$$

上式等号左边下标10表示用十进制表示整数N。由上式可得,将二进制整数转换为十进制整数,可直接按照等号右边的式子,做十进制的乘法和加法就能完成。例如,二进制整数$(10111)_2$可按照上式转换为十进制整数:$1\times2^4+0\times2^3+1\times2^2+1\times2^1+1\times2^0=(23)_{10}$。

而十进制整数到二进制整数的转换可采用"除2取余"法,其方法也可由上式推导出来。N代表给定的十进制整数,a_n、…、a_1、a_0分别代表需要求出的各位二进制数字。式(5-1)等号两边同时除以2,等式保持不变。从等式右边可看出,N除以2得到的余数是a_0,得到的商为$a_n\times2^{n-1}+\cdots+a_2\times2^1+a_1$,对商再除以2,又得余数$a_1$和商$a_n\times2^{n-2}+\cdots+a_3\times2^1+a_2$,等等,依此进行下去,直到商为0。这个过程中得到的所有余数或为0或为1,将它们按照求得的顺序的反序拼接在一起,就得到所需要的二进制表示形式。图5-3给出了将$(37)_{10}$转换成二进制的过程,可知$(37)_{10}=(100101)_2$。

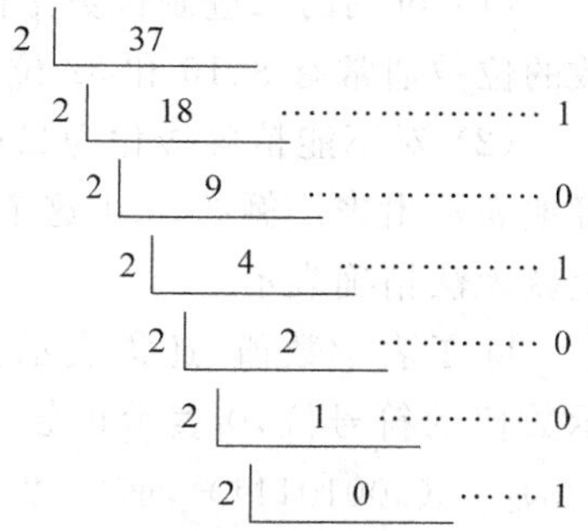

```
2 | 37
   2 | 18  ………………… 1
      2 | 9  ……………… 0
         2 | 4  …………… 1
            2 | 2  ………… 0
               2 | 1  ………… 0
                  2 | 0  …… 1
```

图5-3 十进制整数转换为二进制整数示例

二进制小数与十进制小数之间的转换方法也能通过公式推导出来。如式(5-2)所示,其中$0.a_{-1}a_{-2}\cdots a_{-m}$是二进制小数,$m$可能为无穷大,$N$是等价的十进制小数。

$$(N)_{10} = a_{-1}\times2^{-1} + a_{-2}\times2^{-2} + \cdots + a_{-m}\times2^{-m} \qquad (5\text{-}2)$$

同样地,将二进制小数转换为十进制小数,可直接按照等号右边的式子,做十进制的除法和加法即可。例如,已知$(0.1011)_2$,求其等价的十进制小数,转换过程为$1\times2^{-1}+0\times2^{-2}+1\times2^{-3}+1\times2^{-4}=(0.6875)_{10}$。

十进制小数到二进制小数的转换可采用"乘2取整"法,公式(5-2)两边同时乘以2,等式仍成立,此时,右边整数部分变成a_{-1},小数部分变为$a_{-2}\times2^{-1}+a_{-3}\times2^{-2}+\cdots+$

$a_{-m}\times 2^{-m+1}$。再对结果的小数部分两边乘以 2，右边整数部分变成 a_{-2}，小数部分为 $a_{-3}\times 2^{-1}+\cdots+a_{-m}\times 2^{-m+2}$，等等，依此进行下去，直到乘 2 的结果中小数部分为 0，或者达到所需要的二进制位数。对于很多十进制小数，上述乘 2 的过程，达不到结果小数部分为 0 的情形。因此，十进制小数到二进制小数的转换是**不精确**的转换。图 5-4 给出了十进制小数到二进制小数转换的两个例子，左边是将十进制数 0.625 转换成二进制数，它是精确转换；右边是将十进制数 0.34 转换成二进制数，它是不精确转换。从图中可得，$(0.625)_{10}=(0.101)_2$，$(0.34)_{10}\approx(0.010101)_2$。

0.	625	(×2
1.	25	
0.	5	
1.	0	

0.	34	(×2
0.	68	
1.	36	
0.	72	
1.	44	
0.	88	
1.	76	

图 5-4　十进制小数转换为二进制小数示例

从图 5-4 的例子还可知道，用二进制来表示十进制数时，有些数不能精确表示，只能在表示能力范围内给出近似表示。这与可用的二进制位数和十进制数自身相关。

(1) 可用的二进制位数是由计算机的能力决定的，对于 32 位计算机，可以用来表示数的位数通常有 8、16 和 32 位，位数越多，能表示的数值越多，精度也越高。

(2) 对不能精确转化为二进制的十进制小数，即便能用的二进制位数很多，也无法精确地表示出来。例如，0.1 这个十进制小数转换成二进制小数是一个无限循环小数，理论上就无法精确表示。

除了表示数值，还需表示数值的符号：+或−。通常用二进制表示的最高位来表示数值的符号位，0 表示正数，1 表示负数。因此，如果能用的二进制位为 8 位，那么，$(23)_{10}=(00010111)_2$，而$(-23)_{10}=(10010111)_2$，这种表示方式称为**原码**表示。

计算机中通常用**浮点数**来表示实数，浮点数是指有理数中某特定子集的数的数字表示，在计算机中用以近似表示任意的某个实数。浮点计算是指浮点数参与的运算，这种运算通常伴随着因为无法精确表示而进行的近似或舍入。观察下面的 Python 语句：

```
>>>print(0.1)
0.1
>>>print("%.17lf"%0.1)
0.10000000000000001
```

0.1 这个十进制小数转换成二进制数时，是一个无限循环小数，在计算机中通常用浮点数表示，是一种近似的表示。而现代程序设计语言的输出带有一定的智能，在保证误差较小的前提下会自动舍入。所以第一个print语句打印0.1。但是,当用第2个print语句指定输出精度时,就能看到0.1在计算机中不是真正的0.1,而是有一定误差的。同理,浮点数之间用>、<、==来比较大小是不可取的,需要看两个浮点数是否在合理的误差范围,如果误差合理,即认为相等;否则,两个在十进制中相等的数可能在计算机中是不相等的。

此外,浮点数的误差会在其计算过程中累积,观察下面的Python程序:

```
x=0.0
for i in range(100):
    x+=0.1
print("%.17lf"%x)
print(x)
```

运行该程序得到的输出如下所示:第1行是x的较为精确的表示,而第2行是print自动舍入,显示出来的看似正确的结果。

```
9.99999999999998046
10.0
```

5.2.2 字符的数字化

字符信息是最基本的信息类型之一。一个字符是指独立存在的一个符号,诸如汉字、大小写形式的英文字母、日文的假名、数字和标点符号等。还有一类所谓**控制字符**,用于通信、人机交互等方面,起控制作用,如"回车符"、"换行符"等。

在人类文明发展的过程中,发明了各种各样的符号体系,用来表征事物,交流思想。其中典型的符号体系是人类所使用的语言。在一个符号体系中,存在一组基本符号,它们可构成更大的语言单位。这组基本符号的数目一般比较小。如英语的字母,用之可构成英文的单词。英文单词有成千上万个,但英文字母加起来仅有52个(区分大小写)。例外的情况是汉语,汉语中可由汉字构成有意义的词或词组,但汉字数目比较大。

计算机内部用二进制对字符对象进行编码。对于任意一个字符对象集合,不同的人都可设计自己的编码体系。但是为了减少编码体系之间转换的复杂性,提高处理效率,相关组织发布了标准编码方案,以便信息交换和共享。如英文字符的ASCII编码、中国国家标准汉字编码和Unicode编码等。以ASCII码[①]为例,ASCII码中所含字符个数不超过128(见图5-5),其中包含控制符、通信专用字符、十进制数字符号、大小写英文字母、运算符和标点符号等。打印出来时,控制字符和通信专用字符是**不可见的**,不占介质空间,它们指明某种处理动作。其他字符是可见的,因而称为**可视字符**。

---

① ASCII码(American Standard Code for Information Interchange)是美国国家标准化学会(American National Standards Institute,ANSI)维护和发布的用于信息交换的字符编码。

	0000	0001	0010	0011	0100	0101	0110	0011
0000	NUL	DLE	SP	0	@	P		p
0001	SOH	DC1	!	1	A	Q	a	q
0010	STX	DC2	"	2	B	R	b	r
0011	ETX	DC3	#	3	C	S	c	s
0100	EOT	DC4	$	4	D	T	d	t
0101	ENQ	NAK	%	5	E	U	e	u
0110	ACK	SYN	&	6	F	V	f	v
0111	BEL	ETB	'	7	G	W	g	w
1000	BS	CAN	)	8	H	X	h	x
1001	HT	EM	(	9	I	Y	i	y
1010	LF	SUB	*	:	J	Z	j	z
1011	VT	EAC	+	;	K	[	k	{
1100	FF	ES	,	<	L	\	l	|
1101	CR	GS	–	=	M	]	m	}
1110	SO	RS	.	>	N	^	n	~
1111	SI	US	/	?	O	_	o	DEL

图 5-5 ASCII 码编码表

一个 ASCII 码由八位二进制(1B)组成，实际使用低七位，最高位恒为 0。因此，ASCII 码中的字符个数不能超过 128 个。八位二进制能够编码 256 个符号，有一半编码空置，这主要是为以后的应用留下扩展空间，或最高位留作它用。图 5-5 中，第一行列出编码中高四位，第一列给出低四位。一个字符所在行列的高四位编码和低四位编码组合起来，即为该字符的**编码**。例如，大写字母 A 的编码为 01000001，十进制为 65；数字符号 0 的编码为 00110000，十进制为 48。从这里可以看出，数字符的 ASCII 码与它所代表的数值是完全不同的两个概念。分析 ASCII 码表，可看出其中常见编码的大小规则，即 0～9＜A～Z＜a～z。数字符 0 的编码比数字符 9 的编码小，并按 0 到 9 顺序递增，如“5”＜“8”；数字符编码小于英文字母编码，如“9”＜“A”；字母 A 的编码比字母 Z 的编码小，并按 A 到 Z 顺序递增。如“A”＜“Z”；同一个英文字母，其大写形式的编码比小写形式的编码小 32，如“a”－“A”＝32。

Python 语言内置函数 chr 和 ord 提供了字符及其 ASCII 码之间的转换功能，如下：

```
>>>chr(97)
'a'
>>>ord('a')
97
>>>ord('a')-ord('A')
32
```

5.2.3 声音的数字化

声音是由物体振动引发的一种物理现象，声源是一个振荡源，它使周围的介质(如空气、水等)产生振动，并以波的形式进行传播。声音是随时间连续变化的物理量，可以近似地看成是一种周期性的函数。如图 5-6 所示，它可用 3 个物理量来描述。

(1) 振幅：即波形最高点(或最低点)与基线的距离，它表示声音的强弱。

(2) 周期：即两个相邻波峰之间的时间长度。

(3) 频率：即每秒钟振动的次数，以 Hz 为单位。

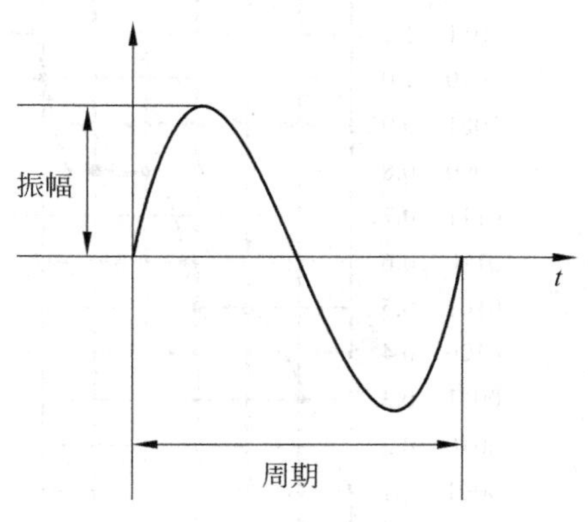

图 5-6 声音波形示例

计算机只能处理离散量，只有数字化形式的离散信息才能被接收和处理。因此，对连续的模拟声音信号必须先进行数字化离散处理，转换为计算机能识别的二进制表示的数字信号，才能对其进行进一步的加工处理。用一系列数字来表示声音信号，称为**数字音频**。

把模拟的声音信号转换为数字音频的过程称为**声音的数字化**。这个过程(见图 5-7)包括采样、量化和编码 3 个步骤。

(1) **采样**：每隔一个时间间隔测量一次声音信号的幅值，这个过程称为采样，测量到的每个数值称为**样本**，这个时间间隔称为**采样周期**。这样就得到了一个时间段内的有限个幅值。

(2) **量化**：采样后得到的每个幅度的数值在理论上可能是无穷多个，而计算机只能表示有限精度。因此，还要将声音信号的幅度取值的数量加以限制，这个过程称为量化。例如，假设所有采样值可能出现的取值范围在 0～1.5 之间，而实际只记录了有限个幅值：0、0.1、0.2、0.3、…、1.4、1.5 共 16 个值，那么如果采样得到的幅值是 0.4632，则近似地用 0.5 表示；如果采样得到的幅值是 1.4167，就取其近似值 1.4。

(3) **编码**：将量化后的幅度值用二进制形式表示，这个过程称为编码。对于有限个幅值，可以用有限位的二进制数来表示。例如，可以将上述量化中所限定的 16 个幅值分别用 4 位二进制数 0000～1111 来表示，这样声音的模拟信号就转化为了数字音频。

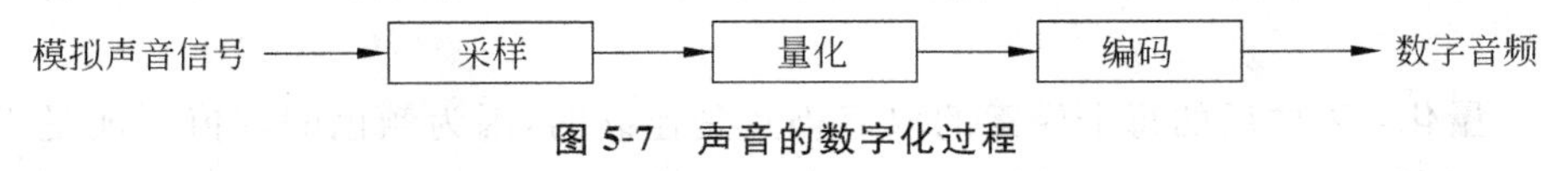

图 5-7 声音的数字化过程

图 5-8 给出了一个模拟声音信号数字化过程的示例。在横坐标上，t_1～t_{20} 为采样的时间点，纵坐标上假定幅值的范围在 0～1.5，并且将幅值量化为 16 个等级，然后对每个等级用 4 位二进制数进行编码。例如，在 t_1 采样点，它的采样值为 0.335，量化后取值为 0.3，编码就用 0011 表示。

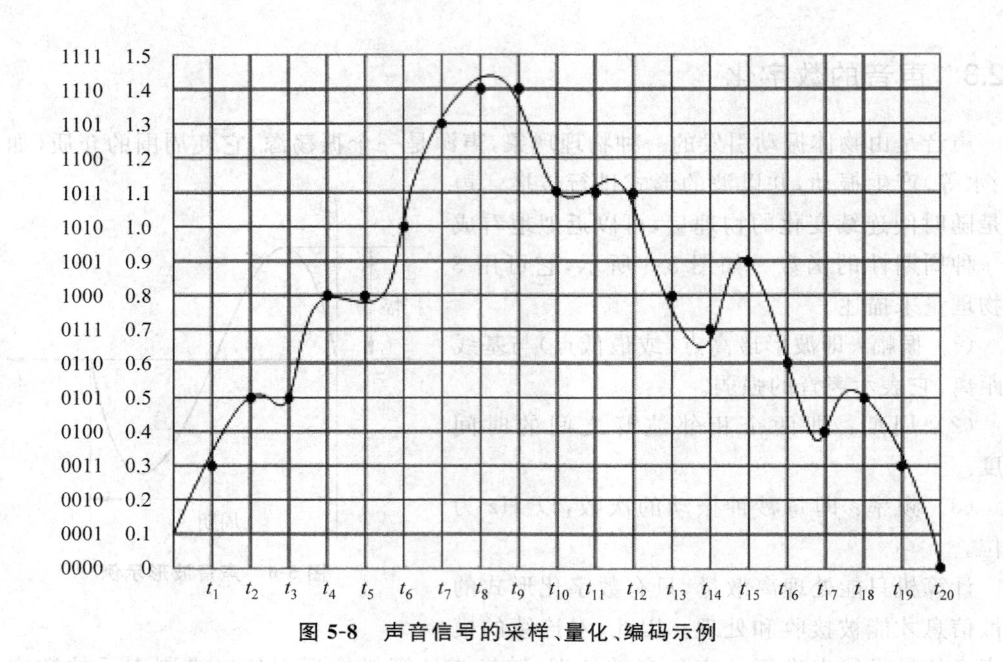

图 5-8　声音信号的采样、量化、编码示例

5.2.4　图像的数字化

图像可以看作是由二维平面上无穷多个点构成的，每个点通过各种方式呈现出颜色，被人眼感知后在大脑中留下印象，就成为了图像。可以通过各种方式记录图像，如胶片就是使用光学透镜系统在胶片上记录下现实世界的自然景物。这样记录下来的图像中，胶片上任何两点之间都会有无穷多个点，图像颜色的变化也会有无穷多个值。这种在二维空间中位置和颜色都是连续变化的图像称为**连续图像**。用计算机进行图像处理首先要把这种连续图像转换成计算机能够记录和处理的**数字图像**，这个过程就是**图像的数字化**过程。图像的数字化，就是按一定的空间间隔自左到右、自上而下提取画面信息，并按一定的精度进行量化的过程。和声音数字化类似，图像的数字化也要经过采样、量化和编码这 3 个步骤。

(1) **采样**：对二维空间上连续的图像在水平和垂直方向上等间距地分割成矩形网状结构，所形成的微小方格称为**像素点**，一副图像就被采样成有限个像素点构成的集合，如图 5-9 右边所示。左边是要采样的连续图像，右边是采样后的图像，每个小格即为一个像素点。

(2) **量化**：采样后的每个像素的取值仍然是连续的，因为颜色的取值可能是无穷多个颜色中的任何一个，因此要对颜色进行离散化处理。为了把颜色取值离散化，要将颜色取值限定在有限个取值范围内，这称为量化。量化的结果是图像能够容纳的颜色总数，它反映了采样的质量。例如，如果以 4 位存储一个点，就表示图像只能有 16 种颜色；若采用 16 位存储一个点，则有 $2^{16}=65\ 536$ 种颜色。

(3) **编码**：将量化后每个像素的颜色用不同的二进制编码表示，于是就得到 $M\times N$

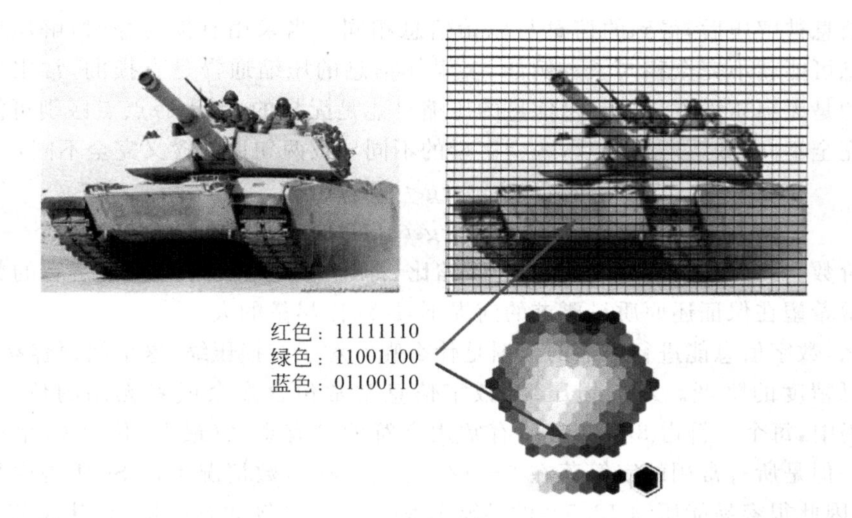

图 5-9 图像数字化示例

的数值矩阵，把这些编码数据一行一行地存放到文件中，就构成了数字图像文件的数据部分。

图 5-9 给出了一个图像数字化的例子。原始图像如图左边所示，采样过程可想象将一张同尺寸的网格覆盖于原图像上，每个格子即为一个像素。假设采用 24 位表示像素颜色，则颜色被限定为 $2^{24}=16\ 777\ 216$ 种。图中给出了某个点的颜色编码(土黄色)。此处采用 RGB 颜色模型。RGB 是 Red(红)、Green(绿)和 Blue(蓝)的缩写。采用红、绿、蓝 3 种颜色的不同比例的混合来产生颜色的模型称为 **RGB 模型**。某一种颜色和这 3 种基本颜色的关系可以用下面的式子来描述：颜色＝R(红色的百分比)＋G(绿色的百分比)＋B(蓝色的百分比)。

计算机中的数字图像可分为两大类：一类是**位图图像**，另一类是**矢量图形**。前面介绍的在空间和颜色上都离散化的图像称为位图图像，简称位图或图像。像素是组成位图最基本的元素，每个像素用若干个二进制位来描述。矢量图形用一组计算机绘图指令来描述和记录一幅图，显示时，按照绘制的过程逐一地显示。由于矢量图形文件并不保存每个像素的颜色，而是包含了计算机创建这些对象的形状、尺寸、位置和色彩等的指令，因此，文件的存储容量很小。

5.3 数据压缩

信息数字化后，需要占用存储空间，如果要将信息通过网络从一处发往另一处，还将花费传输时间。例如，声音和图像信息，质量的提高带来的是数据量的急剧增加，给存储和传输造成极大的困难。为了节约时间和空间，**数据压缩**是一个行之有效的方法。数据压缩是指对原始数据进行重新编码，去除原始数据中冗余数据的过程。将压缩数据还原为原始数据的过程称为**解压缩**。压缩方法可能是**无损的**和**有损的**。用无损的压缩方法，当压缩信息被解压后，得到的信息与原始信息相同。当采用有损压缩时，解压后的信息与原信息可能就不完全相同了。例如，多媒体信息的压缩通常是有损的，常用的ZIP程序采用的是无损压缩方法。字符信息的压缩只能是无损的，因为一点点区别可能会导致意思的完全不同，如下两行所示，一个字母的不同导致两句话的含义完全不同：

Don't forget the pop.

Don't forget the pot.

评价数据压缩性能的指标之一是**压缩比**，即压缩前的数据量与压缩后的数据量之比。通常希望在保证还原质量要求的前提下，压缩比尽量的大。

那么，数字信息能进行压缩的依据是什么呢？对于有损压缩，这个问题容易回答：你只需容忍精度的降低。对无损压缩，数字信息常常包含多余或者无用的位。例如，在ASCII码中，每个字符占8位并且所有常用字符的最有意义（最左）位是0，字符编码为0～255。但是所有常用的字符落在0～127之间。在多数情况下，ASCII码中最高位是无用的，因此很容易能压缩12.5%的ASCII码文本。又例如有一幅图，其大部分区域的背景为白色，在这个区域中，相邻的像素点具有相同的颜色特征。对这样一幅图像进行数字化时，要连续记录每个像素点的RGB值，但是这些点的颜色都是白色，这就存在冗余信息了。如果改用一个简单的记法——先记录这个像素点的RGB值，再记录这个像素点连续重复出现的次数——则表达的信息量并没有发生变化，但使用的数据量将会大大减少。

5.3.1 Huffman编码

还可从编码方法上进行数字信息的压缩，此处介绍一种变长编码——**Huffman编码**。生物学家用A、C、G和T这4个字符构成的字符串来表示DNA。假设有一条由n个字符组成的DNA，其中45%是字符A，5%是字符C，5%是字符G，45%是字符T，这些字符在这条DNA中乱序出现。如果用ASCII编码表示这样一条DNA，每一个字符占8位，将会用$8\times n$位表示该DNA。进一步考虑，因为只需要4个字符即可表示DNA，因此只需两位即可表示每个字符（00、01、10、11），那么占用空间可以缩减为$2\times n$位。

还有更优的编码方式使得该DNA占用的空间更小吗？根据信息熵的定义，对DNA序列编码问题，平均每个字符的编码长度可用下述公式计算出来：

$$\text{A}: -\log_2(45\%) = 1.15(\text{位}) \quad \text{C}: -\log_2(5\%) = 4.32(\text{位})$$

$$\text{T}: -\log_2(45\%) = 1.15(\text{位}) \quad \text{G}: -\log_2(5\%) = 4.32(\text{位})$$

根据以上计算结果，要表示这4个字符，平均需要的位数为$0.45\times 1.15+0.05\times 4.32+0.05\times 4.32+0.45\times 1.15=1.467$（位）。

因此，可以利用字符出现的相对频率进行更好地改进。例如，可用以下位序列对字符进行编码：A＝0、C＝100、G＝101、T＝11。编码原则**出现越多的字符占用位越少**。利用这种编码方法，可用33位0和1字符序列“1100111101010001 11110011011110110”即可编码20个字符“TAATTAGAAATTCTATTATA”构成的DNA序列。给定4个字符的频率，编码n个字符组成的序列，只需：

$0.45\times n\times 1+0.05\times n\times 3+0.05\times n\times 3+0.45\times n\times 2=1.65\times n$(位)①

利用字符出现的相对频率,可以使得占用的空间比 $2\times n$ 位更省。该编码方案中,不仅出现频率越高的字符占用位越少,而且没有编码是另一个编码的**前缀**。例如,A 的编码是 0,没有其他字符的编码以 0 开始。T 的编码是 11,没有其他字符的编码以 11 开始,等等,称这种编码为**无前缀编码**。

数据压缩除了要在传输时进行编码,还要在接收时对编码的序列进行解码,还原其本来含义。无前缀编码方法中,因为没有编码是其他编码的前缀,当顺序解压时,可以清晰地匹配压缩的位和原始字符。在压缩序列"110011110101000111110011011110110"中,没有字符的编码是 1 并且只有 T 的编码是 11 开始,因此很容易地知道该 0、1 串对应的原文本的第一个字符一定是 T。去掉 11,剩下"0011110101000111110011011110110"。因为只有 A 是以 0 开始,因此剩下编码串的第一个字符一定是 A。去掉 0,则"011110"对应解压字符 ATTA,剩下的位是"1010001111100110111110110"。因为只有 G 以 101 开始,则下一个解压字符一定是 G,等等,最后可将编码前的 DNA 序列还原出来。

如果根据压缩信息的平均长度来测试压缩效率,则无前缀编码——Huffman 编码是最好的。要进行 Huffman 编码要求事先知道所有字符出现的频率,因此,压缩常常需要两步:一是确定字符出现的频率;二是映射字符到编码。

一旦知道字符出现的频率,Huffman 编码的算法将建立一棵二叉树,然后根据这棵树形成编码,并且在解压时可根据这棵树进行解码。计算机科学中的树可类比为将自然界的树翻转而得到的——树根在上,树叶在下。二叉树结构(见图 5-10)由**结点**和**边**组成。结点表示数据元素,边连接两个结点,表示这两个结点数据元素之间的关系,每个结点 N 有不超过 2 个结点用边连接在其下方,称为结点 N 的**子结点**,结点 N 称为其子结点的**父结点**。一棵二叉树中仅有一个结点没有父结点,该结点称为**树根**,而没有子结点的结点称为**叶结点**,其他结点称为**内部结点**。

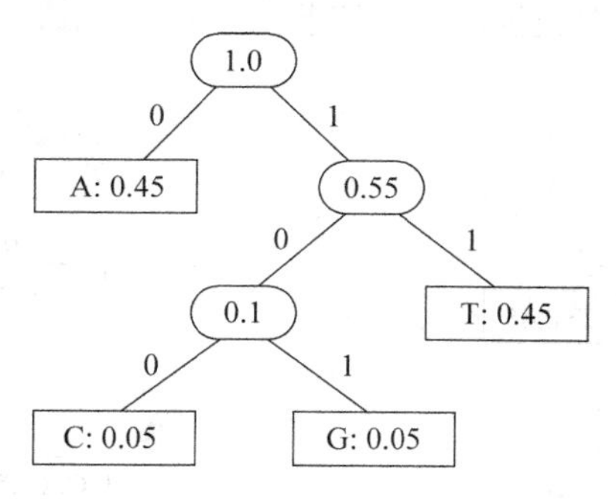

图 5-10 DNA 序列 Huffman 编码的二叉树

图 5-10 是上面 DNA 序列 Huffman 编码的二叉树。二叉树的叶子结点被画成矩形,表示字符和该字符出现的频率。内部结点被画成圆角矩形,表示该内部结点包含的叶子

① 注意,对于 20 个字符的序列"TAATTAGAAATTCTATTATA",$33=1.65\times 20$。

结点的频率之和。每条边都标识有数字 0 或者 1,顺序拼接从根结点到某字符所在叶结点的路径上所有边上的数字,即可确定字符的编码。例如,为了确定 G 的编码,从根结点开始,需要经过标记为 0.55、0.1 的结点才能到达标记为 G 的叶结点。沿着这条路径,依次将边上的数字进行拼接,首先取标记为 1 的边并向右移动(内部结点标记为 0.55),取标记为 0 的边并向左移动(内部结点标记为 0.1),最后取标记为 1 的边并向右移动(叶结点包含 G),即构成了 G 的编码 101。

已知每个字符出现频率时,构建如图 5-10 这样一棵二叉树的过程如下。

(1) 对未编码的字符,每一个字符对应一个结点,结点上标记为该字符及其频率。此时,这个结点也可看作是一棵二叉树,该二叉树只有一个根结点。

(2) 将所有的结点放入一个集合。

(3) 选择两棵根结点为最小频率的二叉树,同时将这两棵树从集合删除。创建一个以这两个根结点为子结点的二叉树[①],将这两个根结点的频率之和赋给新创建的树的根结点,并将新创建的二叉树放入第(2)步的集合。

(4) 重复做第(3)步的动作,直到集合中只有一棵二叉树时停止。

(5) 对该二叉树的边进行标记,指向左边子结点的边为 0,指向右边子结点的边为 1。

以上述 DNA 序列的编码问题为例,最开始时,各字符对应的二叉树如图 5-11(a)所示。结点 C 和 G 有最小的频率,因此创建一个新的结点,以 C 和 G 为子结点创建一棵二叉树,并且将子结点频率之和赋予根结点,如图 5-11(b)所示。在 3 个剩下的结点中,刚才创建的结点频率最小 0.1,另外两个频率都是 0.45。可以选择任一个作为第二个结点。

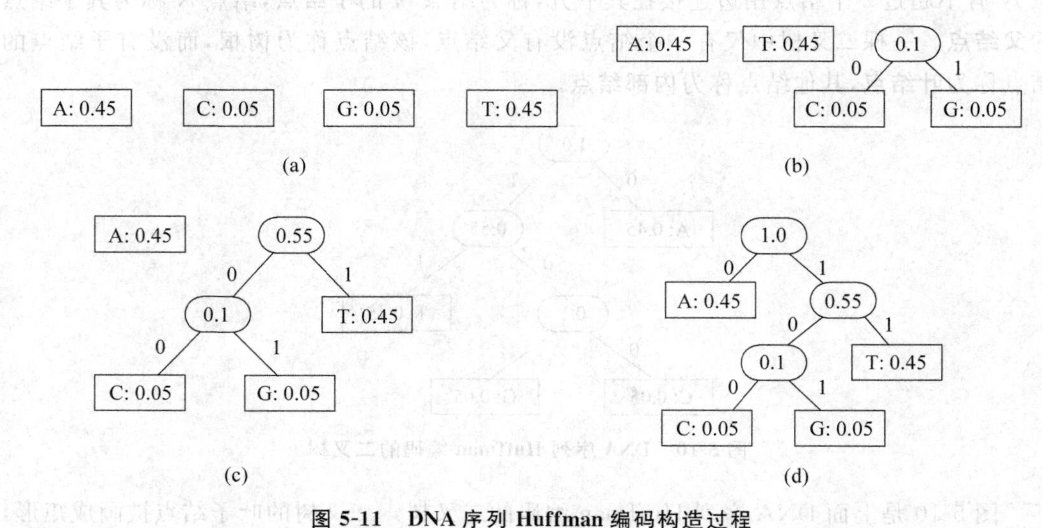

图 5-11 DNA 序列 Huffman 编码构造过程

① 选出来的两棵二叉树根结点是左子结点还是右子结点并不重要。

此处选择T结点和新建二叉树的根结点作为新的子结点，创建一棵二叉树，该二叉树根结点的频率为0.55，如图5-11(c)所示。最后剩下两棵二叉树，创建一个新根结点并以这两棵二叉树根结点为其子结点，构造一棵新的二叉树，根结点其频率为1，如图5-11(d)所示。此时，集合中只有一棵二叉树了，创建Huffman编码二叉树的过程结束。最后为每条边标记0或1。

5.3.2 Python实现

按照上述Haffman编码构造二叉树的过程，可以编写Python程序自动化该过程。

首先，对给定的一组字符序列，需要统计每个字符出现的次数，这是Huffman编码的基础和依据。代码如下：

```
def frequency(str):
    freqs={}
    for ch in str :
        freqs[ch]=freqs.get(ch,0)+1
    return freqs
```

此处利用字典结构，以每个字符为键，该字符在序列中的出现次数为值组织数据。依次读入序列的每个字符，出现一次则其出现次数增1。字典类型对象的get函数返回字典中ch变量保存的字符的出现次数，如果字典中没有该字符对应的键-值对，则返回0，否则返回对应的出现次数。以“TAATTAGAAATTCTATTATA”为例，运行frequency函数结果如下：

```
>>>freqs=frequency('TAATTAGAAATTCTATTATA')
>>>print(freqs)
{'G': 1, 'T': 9, 'C': 1, 'A': 9}
```

其次，为每个字符构建一个结点，标记为字符及其出现次数(频率)，为了方便后续“选择两棵根结点为最小频率的二叉树”这个动作，对结点根据其出现次数进行排序，代码如下：

```
def sortFreq(freqs):
    letters=freqs.keys()
    tuples=[]
    for let in letters :
        tuples.append((freqs[let],let))
    tuples.sort()
    return tuples
```

用元组来组织每个结点，每个元组对象的第1维为字符出现次数，第2维为对应的字符。用列表结构组织结点集合，利用列表类型自带的方法 sort 对集合中的元组进行排序，按出现次数从小到大顺序排列，对相同出现次数的字符，按其字典序进行排序。以“TAATTAGAAATTCTATTATA”为例，运行结果为

```
>>>tuples=sortFreq(freqs)
>>>print(tuples)
[(1, 'C'), (1, 'G'), (9, 'A'), (9, 'T')]
```

再次，实现用两棵二叉树根结点为子结点构建新二叉树的过程。从排序后列表中取前两个元组，构造一个新的元组。新元组的第1维为出现次数，即所取出的两个元组的出现次数之和，新元组的第2维为其左右两个子结点，以所取出的两个元组分别为第1、2维构造一个元组作为新元组的第2维。因此，以上面 tuples 为例，第一次运行的结果为(2,((1,'C'),(1,'G')))，新元组将会被加入到元组列表中并重新排序。代码如下，注意此处调用 sort 时，指定以第1维，即出现次数为依据。

```
def buildTree(tuples):
    while len(tuples)>1 :
        leastTwo=tuple(tuples[0:2])
        theRest  =tuples[2:]
        combFreq=leastTwo[0][0]+leastTwo[1][0]
        tuples  =theRest+[(combFreq,leastTwo)]
        tuples.sort(key=lambda tup: tup[0])
    return tuples[0]
```

构造完二叉树后，每个结点上关联的出现次数已经不需要了，为方便编码和解码处理，定义一个辅助函数对构造的二叉树进行简化，去除每个结点的出现次数，只留下字符。代码如下，此处使用了递归来处理二叉树，关于递归的介绍请参考第4章的介绍。

```
def trimTree(tree):
    p=tree[1]
    if type(p)==type(""):
        return p
    else:
        return (trimTree(p[0]), trimTree(p[1]))
```

运行结果如下。可以看到，化简后的二叉树结构是以字符C和G对应的结点构造一棵二叉树，再与A对应的结点构成二叉树，最后该二叉树与字符T对应的结点构成最终的二叉树。如图5-12所示，注意，生成的二叉树与图5-11(d)有差别，这是因为在构造过程中先选结点A还是T造成的，但是不影响最后的压缩效率。

```
>>>tree=buildTree(tuples)
>>>print(tree)
(20, ((9, 'T'), (11, ((2, ((1, 'C'), (1, 'G'))), (9, 'A')))))
>>>tree=trimTree(tree)
>>>print(tree)
('T', (('C', 'G'), 'A'))
```

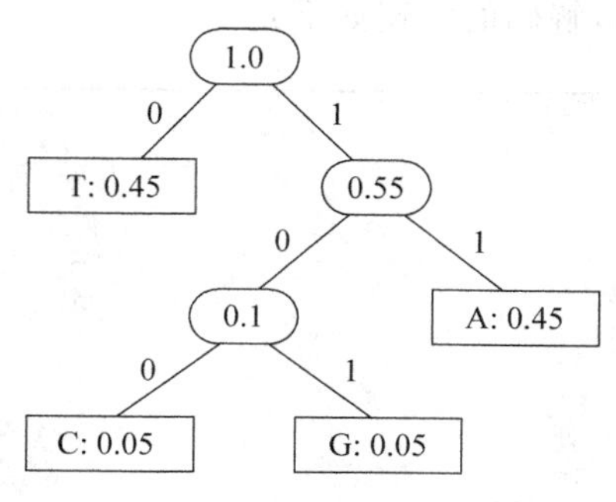

图 5-12 Huffman 二叉树示例

构建好二叉树后，将为每一条边标记 0 或 1，为每个字符进行编码。实现时，并没有真正为边标记 0 或 1，而是从二叉树的根开始访问每个叶结点，每次到达一个结点，如果是从左边到达，则在编码上加一个 0，如果从右边到达，则在编码上加一个 1。代码如下，利用了递归来遍历二叉树。

```
def assignCodes(node, pat=''):
    global codes
    if type(node)==type(""):
        codes[node]=pat
    else:
        assignCodes(node[0], pat+"0")
        assignCodes(node[1], pat+"1")
```

以上面的二叉树为例，运行结果为

```
>>>assignCodes(tree)
>>>print(codes)
{'G': '101', 'T': '0', 'C': '100', 'A': '11'}
```

至此，Huffman 编码就完成了。利用完成的编码，可以为字符序列进行编码，代码如下：

```
def encode(str):
    global codes
    output=""
    for ch in str:
        output+=codes[ch]
    return output
```

以字符串“TAATTAGAAATTCTATTATA”为例，编码结果为

```
>>>encode('TAATTAGAAATTCTATTATA')
'01111001110111111100100011001101l'
```

当将编码过程中的二叉树结构，即元组('T', (('C', 'G'), 'A'))保存下来，就可与编码后的0、1字串一起进行解码，解码的实现如下：

```
def decode(tree, str):
    output=""
    p=tree
    for bit in str :
        if bit=='0':
            p=p[0]
        else:
            p=p[1]
        if type(p)==type(""):
            output+=p
            p=tree
    return output
```

以刚完成的编码为例，解码结果为

```
>>>decode(tree, '01111001110111111100100011001101l')
'TAATTAGAAATTCTATTATA'
```

Huffman编码的过程是一个用**贪婪法**(Greedy)设计算法的典型例子：在每次选择结点构造新的二叉树时，选择的是当前频率最低的两个结点。贪婪法是一种常用的算法设计策略，在算法的每一步骤，都选取当前看来可行的或最优的策略(此处是频率最小的两个结点)，从而希望导致结果是最好或最优的算法。Huffman编码中，想让频率越低的字符离根结点越远，因此贪婪算法一直选择频率最低的两个结点作为新根结点的叶结点。对于大部分的问题，贪婪法通常都不能找出最佳解，因为贪婪法中一般没有测试所有可能的解，容易过早做决定，因而没法获得最佳解。对于寻求最优解的问题，贪婪法通常只能求出近似解。只有在一些特殊情况下，贪婪法才能求出问题的最佳解。一旦一个问题可以通过贪婪法来解决，那么贪婪法一般是解决这个问题的最好办法。贪婪法可以用于解决很多问题，如背包问题、最小延迟调度、求最短路径等。

5.4 信息加解密

信息的加解密是另一种很重要的信息处理技术：**加密**(encryption)指通过加密算法和加密密钥将明文转变为密文；**解密**(decryption)则是通过解密算法和解密密钥将密文恢复为明文。通常将加密算法和解密算法统称为**密码算法**，简称为**密码**(cipher)，是明文

和密文间转换的一组规则或数学函数。密码是伴随着人类战争通信的需要而逐步发展起来的技术,它的基本思想是将真实信息伪装起来传递,尽可能地隐蔽和保护所需要的信息,使未授权者即使获得传递的消息也无法理解其真实含义。密码技术是保证信息安全的有效手段之一。

在一个密码系统中,伪装前的原始信息称为**明文**,伪装后的信息称为**密文**,**密钥**(key)是加密和解密使用的参数,用于加密算法的密钥就称为**加密密钥**,用于解密算法的密钥称为**解密密钥**。加密算法的输入信息为明文和密钥,解密算法的输入是密文和密钥。典型的加密和解密过程如图5-13所示,加密算法使用加密密钥对明文进行加密就产生了密文,解密算法使用解密密钥对密文进行解密就将密文还原成明文。

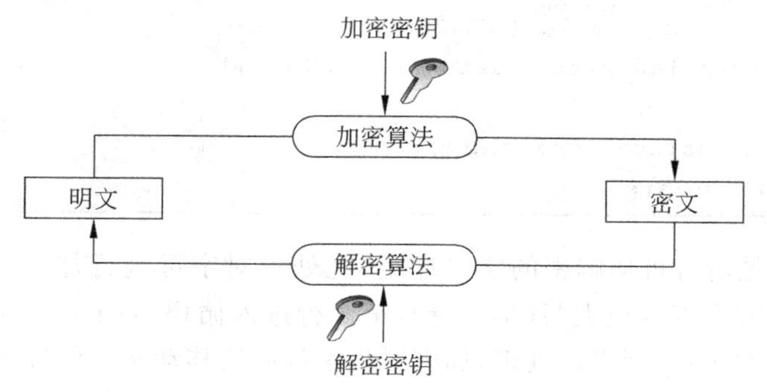

图5-13 信息加密和解密过程

发展至今天,世界上已有很多种加密系统,各有特色。以恺撒密码(它是一种广为人知的替代式密码)为例,使用恺撒密码法加密信息时,明文中的每个字母将会被字母表中其位置后的第3个字母替代。例如,字母A将会被字母D替代、字母B将会被字母E替代、字母C将会被字母F替代等,而最后的X、Y和Z则将分别被A、B和C替代。显然,恺撒密码字母表是以下的形式,按照该字母表,明文"HELLOWORLD"将被加密成"KHOORZRUOG"。

```
密码字母: d e f g h i j k l m n o p q r s t u v w x y z a b c
一般字母: a b c d e f g h i j k l m n o p q r s t u v w x y z
```

恺撒密码只是将字母向后移动3位,如果选用其他数字同样也可以使用该加密方法,只是产生的密文会不同了,这里的**后移位数**就可以理解为恺撒密码加密算法的密钥。

下面的代码实现了恺撒密码系统,caesarCipher有3个参数,mode表示是进行加密('encrypt')还是解密('decrypt'),key是密钥,即字母向后移动的位数,message是要加密的明文或要解密的密文。

```
def caesarCipher(mode, key, message):
    LETTERS='ABCDEFGHIJKLMNOPQRSTUVWXYZ'
    translated=''
    message=message.upper()
```

```
    for symbol in message:
        if symbol in LETTERS:
            num=LETTERS.find(symbol)
            if mode=='encrypt':
                num=num+key
            elif mode=='decrypt':
                num=num-key
            if num>=len(LETTERS):
                num=num-len(LETTERS)
            elif num<0:
                num=num+len(LETTERS)
            translated=translated+LETTERS[num]
        else:
            translated=translated+symbol
    return translated
```

LETTERS是所有可加解密的字符序列，此处只对字母进行加密。进行加解密时，先将message内容全部变成大写（第4行），第5行进入循环，对message的每一个字符，如果是可加解密的字符，则进行处理，加密时将字母向后移动key位（num＝num＋key），解密时向前移动key位（num＝num－key）。第12～15行对字符移动超出了最后或第一个字母时进行回卷处理。运行示例如下：

```
>>>caesarCipher('encrypt', 13, 'This is my secret message.')
'GUVF VF ZL FRPERG ZRFFNTR.'
>>>caesarCipher('decrypt', 13, 'GUVF VF ZL FRPERG ZRFFNTR.')
'THIS IS MY SECRET MESSAGE.'
```

这种加密手段非常脆弱，利用计算机的处理能力，可以不断尝试不同的key，直到找到可阅读的输出，这种破解密文的方法称为**暴力攻击**（Brute-Force Attack）。下面这段程序展示了如何对恺撒密码进行暴力攻击。

```
def caesarHacker(message):
    LETTERS='ABCDEFGHIJKLMNOPQRSTUVWXYZ'
    for key in range(len(LETTERS)):
        translated=''
        for symbol in message:
            if symbol in LETTERS:
                num=LETTERS.find(symbol)
                num=num-key
                if num<0:
                    num=num+len(LETTERS)
```

```
            translated=translated+LETTERS[num]
        else:
            translated=translated+symbol
    print('Key #%s: %s'%(key, translated))
```

代码中外层循环(第3行)不断尝试不同的key,内层循环(第5行)按照恺撒解密方法用当前key进行解密并输出结果。可以尝试运行上面的代码,对密文“GUVF VF ZL FRPERG ZRFFNTR.”进行解密,可以知道当key为13时,解密出来的文字是有意义的,即“THIS IS MY SECRET MESSAGE.”,因此可以认为这就是明文。

RSA加密算法

基于传统字母数字进行加密较容易破解。计算机的出现促进了密码学的发展,计算机可以对任何二进制形式的信息进行加密,而不像较早的密码那样直接作用在传统字母数字上,大大提高了密码的难度。尽管计算机同时也促进了破密分析的发展,但是,好的加密算法仍保持优势,加密过程快速高效,而要破解它则需要许多级数以上的资源,使破密变得代价高,获得成功难度大。

对好的加密算法而言,保证密钥的机密性就足以保证信息的机密性,即使密码系统的任何细节已为人悉知,只要密钥未泄露,它也应是安全的。这就是密码学上有名的**柯克霍夫原则**。当前,很多被广泛使用的加密算法都是基于这一思想构建的,如DES、AES、RSA和DSA加密算法。根据加解密过程中使用的密钥,可以将这些算法分为两大类。

(1) **对称式加密算法**:在加密和解密过程中使用相同的密钥。使用对称式加密算法发送信息时,发送方先使用加密算法和密钥对明文进行处理产生密文,再将密文发送给接收方。接收方收到密文后,需要使用相同的密钥及加密算法的逆算法对密文进行解密,获得明文。典型的对称式加密算法有DES、AES。DES使用56位的密钥,以当前计算机的处理能力,它不再被认为是安全的,已经有人在24小时内破解过DES密码。更新的AES加密算法使用128位的密钥,安全性更高,理论上,使用当前计算机系统和破解DES密码的方法,是不可能在合理的时间内破解AES密码的。

(2) **非对称式加密算法**:也称为**公钥加密算法**,它的特点是在加密和解密过程中使用不同的密钥。也就是说,每个用户拥有两把密钥:一把作为**公钥**,用户可以随意传播;一把作为**私钥**,只被用户私人拥有。两把密钥不同值但是数学相关。使用公钥加密的密文必须使用私钥才能解密,而使用私钥加密的密文也必须使用公钥才能解密。在公钥加密系统中,通过公钥推算配对的私钥在计算上是不可行的。典型的非对称式加密算法有RSA、DSA。非对称式加密算法的典型用法如图5-14所示。

① **发送方**使用加密算法和**公钥**对明文进行处理产生密文。

② **接收方**收到密文后,使用解密算法和**私钥**对密文进行解密获得明文。

典型非对称式加密算法RSA① 算法的工作原理如下。

---

① 以三位算法发明者Ron Rivest、Adi Shamir和Leonard Adleman名字的缩写命名。

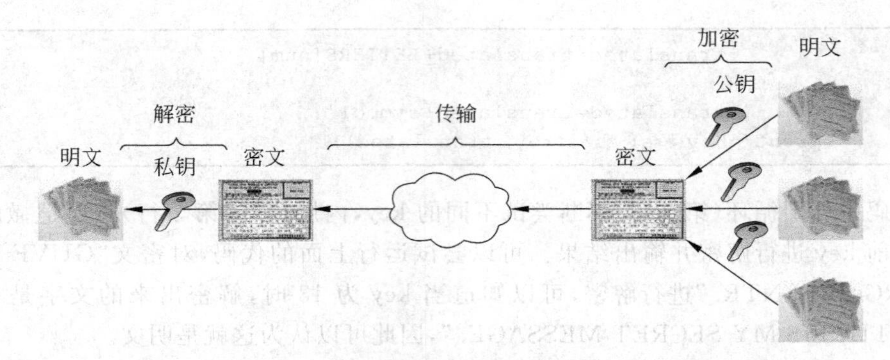

5-14 非对称式加密过程

(1) 任意选取两个不同的大质数 p 和 q，计算乘积 $n=p\times q$。如 $p=61$ 和 $q=53$，则 $n=3233$。

(2) 任意选取一个大整数 e，e 与 $(p-1)\times(q-1)$ 互质，整数 e 用做加密密钥。对本例 $(p-1)\times(q-1)=3120$，取 $e=17$。

(3) 确定解密密钥 d：计算 e 对于 $(p-1)\times(q-1)$ 的模反元素，即满足等式 $d\times e\equiv 1\ (\mathrm{mod}\ (p-1)\times(q-1))$ 的 d。对本例有 $d\times 17\equiv 1\ (\mathrm{mod}\ 3120)$，可得 $d=2753$。

(4) 封装公钥 (n, e) 和私钥 (n, d)，公开公钥，但是不公开私钥。

(5) 将明文 P（假设 P 是一个小于 n 的整数）加密为密文 C，计算方法为：$C=P^e(\mathrm{mod}\ n)$。对本例，假设 P 为 65，则 $65^{17}\equiv 2790\ (\mathrm{mod}\ 3233)$，即 $C=2790$。

(6) 将密文 C 解密为明文 P，计算方法为 $P=C^d\ (\mathrm{mod}\ n)$。本例中，$C=2790$，则 $2790^{2753}\equiv 65\ (\mathrm{mod}\ 3233)$。即解密出明文 65。

要编程实现 RSA 算法，需要一些辅助函数，如判断两数是否互质、求模反元素、计算大素数、Rabin-Miller 测试（参见 3.2.1 节）等。下面给出这些辅助函数。

```
#utils.py
import random
def gcd(a, b):  #计算 a 和 b 的最大公约数
    while a !=0:
        a, b=b%a, a
    return b
def findModInverse(a, m):  #求模反元素
    if gcd(a, m) !=1:
        return None
    u1, u2, u3=1, 0, a
    v1, v2, v3=0, 1, m
    while v3 !=0:
        q=u3//v3
        v1, v2, v3, u1, u2, u3=
        (u1-q * v1), (u2-q * v2), (u3-q * v3), v1, v2, v3
    return u1%m
def rabinMiller(num):   #Rabin-Miller 测试
```

```
    s=num-1
    t=0
    while s%2==0:
        s=s//2
        t+=1
    for trials in range(5):
        a=random.randrange(2, num-1)
        v=pow(a, s, num)
        if v !=1:
            i=0
            while v !=(num-1):
                if i==t-1:
                    return False
                else:
                    i=i+1
                    v=(v ** 2)%num
    return True
def isPrime(num):     #测试是否为素数
    if (num<2):
        return False
    lowPrimes=[2, 3, 5, 7, 11, 13, 17, 19, 23, 29, 31, 37,
    41, 43, 47, 53, 59, 61, 67, 71, 73, 79, 83, 89, 97, 101,
    103, 107, 109, 113, 127, 131, 137, 139, 149, 151, 157, 163,
    167, 173, 179, 181, 191, 193, 197, 199, 211, 223, 227, 229,
    233, 239, 241, 251, 257,263, 269, 271, 277, 281, 283, 293,
    307, 311, 313, 317, 331, 337,347, 349, 353, 359, 367, 373,
    379, 383, 389, 397, 401, 409, 419,421, 431, 433, 439, 443,
    449, 457, 461, 463, 467, 479, 487, 491,499, 503, 509, 521,
    523, 541, 547, 557, 563, 569, 571, 577, 587, 593, 599, 601,
    607, 613, 617, 619, 631, 641, 643, 647, 653, 659, 661, 673,
    677, 683, 691, 701, 709, 719, 727, 733, 739, 743, 751, 757,
    761, 769, 773, 787, 797, 809, 811, 821, 823, 827, 829, 839,
    853, 857, 859, 863, 877, 881, 883, 887, 907, 911, 919, 929,
    937, 941, 947, 953, 967, 971, 977, 983, 991, 997]
    if num in lowPrimes:
        return True
    for prime in lowPrimes:
        if (num%prime==0):
            return False
    return rabinMiller(num)
def generateLargePrime(keysize=1024):     #产生大素数
```

```
    while True:
        num=random.randrange(2 * * (keysize-1), 2**(keysize))
        if isPrime(num):
            return num
```

下面利用上述辅助函数生成 RSA 算法的公钥和私钥，函数 generateKey 的参数是密钥的长度，一般为 1024。函数 generateKey 实现了上述 RSA 算法的(1)～(4)步操作。

```
import random, sys, os, utils
def generateKey(keySize):
    p=rabinMiller.generateLargePrime(keySize)
    q=rabinMiller.generateLargePrime(keySize)
    n=p * q
    while True:
        e=random.randrange(2 * * (keySize-1), 2 * * (keySize))
        if cryptomath.gcd(e, (p-1) * (q-1))==1:
            break
    d=cryptomath.findModInverse(e, (p-1) * (q-1))
    publicKey=(n, e)
    privateKey=(n, d)
    return (publicKey, privateKey)
```

以 1024 为参数运行下面的语句可以看到产生的公钥和私钥：

```
>>>(pubkey, privkey)=generateKey(1024)
>>>print(pubkey)
>>>print(privkey)
```

利用生成的公钥和私钥，即可进行加密和解密。在加密之前，需要将字符明文转换成固定长度的数值，称为**块**。此处用整数表示块，设块大小为 128B 或 1024b，这是因为 RSA 算法要求块大小不能超过密钥的长度，因此，一个块能表示的整数从 $0 \sim 256^{128}$。将字符明文转换成一个非常大的整数的原因是，如果直接将 RSA 算法作用到明文的字符上，那么，对同一个字符，每次加密得到的密文都是一样的，效果上就像恺撒密码一样，是一种替换加密，不能达到 RSA 加密的目的。

将明文字符转换成一个巨大整数的依据是字符的 ASCII 编码，例如，字母 A 的 ASCII 码为 01000001，即十进制的 65。转换时依次将明文字符的 ASCII 码乘以 256^i，i 是字符在明文中的索引，从 0 开始。最后将所有的这些值累加起来即可。例如，将"Hello World!"转换成块的计算过程如表 5-1 所示。当明文长度超过 128 个字符时，会以 128 个字符单位对明文进行分组，每一组单独转换为一个块并单独进行处理。

表 5-1 将字符串编码为块

索引	字符	ASCII 码值	乘数	结　果
0	H	72	$\times 256^{0}$	72
1	e	101	$\times 256^{1}$	25 856
2	l	108	$\times 256^{2}$	7 077 888
3	l	108	$\times 256^{3}$	1 811 939 328
4	o	111	$\times 256^{4}$	476 741 369 856
5	空格	32	$\times 256^{5}$	35 184 372 088 832
6	w	119	$\times 256^{6}$	33 495 522 228 568 064
7	o	111	$\times 256^{7}$	7 998 392 938 210 000 896
8	r	114	$\times 256^{8}$	2 102 928 824 402 888 884 224
9	l	108	$\times 256^{9}$	510 015 580 149 921 683 079 168
10	d	100	$\times 2561^{0}$	120 892 581 961 462 917 470 617 600
11	!	33	$\times 256^{11}$	10 213 005 324 104 387 267 917 774 848
总和：10 334 410 032 606 748 633 331 426 632				

基于该原理和前面程序求得的公私钥，可以实现 RSA 加密算法，Python 程序如下，其中函数 getBlocksFromText 实现了上述将字符明文转换为块的操作。函数 encryptMessage 进行实际的加密运算。

```
DEFAULT_BLOCK_SIZE=128
BYTE_SIZE=256
def getBlocksFromText(message, blockSize=DEFAULT_BLOCK_SIZE):
    messageBytes=message.encode('ascii')
    blockInts=[]
    for blockStart in range(0, len(messageBytes), blockSize):
        blockInt=0
        for i in range(blockStart, min(blockStart+blockSize,
                      len(messageBytes))):
            blockInt+=messageBytes[i] *
                         (BYTE_SIZE * * (i%blockSize))
        blockInts.append(blockInt)
    return blockInts
def encryptMessage(message, key, blockSize=DEFAULT_BLOCK_SIZE):
    encryptedBlocks=[]
    n, e=key
    for block in getBlocksFromText(message, blockSize):
        encryptedBlocks.append(pow(block, e, n))
```

```
    for i in range(len(encryptedBlocks)):
        encryptedBlocks[i]=str(encryptedBlocks[i])
    encryptedContent=','.join(encryptedBlocks)
    encryptedContent=
        '%s_%s_%s'%(len(message), blockSize, encryptedContent)
    return encryptedContent
```

利用上述函数进行加密的过程示例如下。加密后密文中的 262 表示明文长度，128 表示块大小，之后为密文，由于篇幅所限，此处没有给出全部的密文，以“密文”代替。将输出结果保存，可作为 RSA 解密的输入。

```
>>>(pubkey, privkey)=generateKey(1024)
>>>message='''"Journalists belong in the gutter because
that is where the ruling classes throw their guilty secrets."
-Gerald Priestland "The Founding Fathers gave the free press
the protection it must have to bare the secrets of government
and inform the people." -Hugo Black'''
>>>encryptedContent=encryptMessage(message,pubkey)
>>>print(encryptedContent)
262_128_密文
```

解密的程序如下，用前面生成的私钥和密文为参数，运行该程序可以看到成功解密。函数 decryptMessage 实现了解密过程，解密后的结果以块的形式存在，函数 getTextFromBlocks 实现了从块转换为字符明文的操作。

```
DEFAULT_BLOCK_SIZE=128
BYTE_SIZE=256
def getTextFromBlocks(blockInts, messageLength, blockSize=DEFAULT_BLOCK_
SIZE):
    message=[]
    for blockInt in blockInts:
        blockMessage=[]
        for i in range(blockSize-1, -1, -1):
            if len(message)+i<messageLength:
                asciiNumber=blockInt//(BYTE_SIZE * * i)
                blockInt=blockInt%(BYTE_SIZE ** i)
                blockMessage.insert(0, chr(asciiNumber))
        message.extend(blockMessage)
    return ''.join(message)
def formEncryptoBlocks(encryptedMessage):
    encryptedBlocks=[]
    for block in encryptedMessage.split(','):
        encryptedBlocks.append(int(block))
```

```
    return encryptedBlocks
def decryptMessage(encryptedBlocks, messageLength, key, blockSize=DEFAULT_
BLOCK_SIZE):
    decryptedBlocks=[]
    n, d=key
    for block in encryptedBlocks:
        decryptedBlocks.append(pow(block, d, n))
    return getTextFromBlocks(decryptedBlocks, messageLength, blockSize)
```

5.5 小　结

本章从信息论角度,介绍了信息的概念、信息的度量以及信息的表示等知识,建立了信息量与二进制之间的联系。介绍了各类信息的数字化方法,以及几个典型的信息处理实例。通过本章的学习,需要掌握信息的数字化技术,特别是数值、字符的数字化技术,了解典型的数据压缩和加解密应用,及其实现方式。

习　题

1. 什么是信息?信息量与二进制编码的关系是什么?

2. 音频的数字化涉及哪几个步骤?每一步的作用是什么?

3. 图像数字化的核心思想是什么?可利用哪些信息压缩图像数字化信息?

4. 将本章中 Huffman 编码的代码用一个 main 函数组织起来,实现自动地 Huffman 编解码功能。

5. 用不同长度和不同字符构成的字符串运行第 4 题得到的 Huffman 编码程序,查看结果。

6. 编写一个 Python 程序,对输入的钱数(单位是分),给出找零方案。可用的钱币面值有 50 元、20 元、10 元、5 元、2 元、1 元、5 角、2 角、1 角、5 分、2 分和 1 分。例如,输入为 10001,则输出为 2 个 50 元、1 个 1 分钱。

7. RSA 加密算法一节的最后给出解密的程序,请仔细阅读并理解并运行该程序,对用 RSA 算法加密的信息进行解密,观察解密的结果。

8. 置换加密是一种以换位运算实现的加密方法。加密算法如下。

(1) 计算消息的字符数和加密密钥 key。

(2) 画一个有 key 个格子的单行格子串。

(3) 对第(2)步的单行格子串,从左至右用消息的字符依次填充格子。

(4) 如果格子不够用,在下面再画一行格子串,然后填充字符。

(5) 重复这个动作直到所有的字符都填充完毕。

(6) 结束后,将未使用的格子涂成阴影。

(7) 从格子的最左列开始,自顶向下,依次写下碰到的字符。到达某列的底部时,从右边的下一列开始上述过程。跳过阴影格子。

(8) 最后得到的即为密文。

例如,要加密“Common sense is not so common.”,密钥 key 为 8。则加密过程是先画一行格子串并进行填充,如下所示,其中“(s)”表示空格字符。

C	o	m	m	o	n	(s)	s

按照加密过程,最后得到这样的表格:

1st	2nd	3rd	4th	5th	6th	7th	8th
C	o	m	m	o	n	(s)	s
e	n	s	e	(s)	i	s	(s)
n	o	t	(s)	s	o	(s)	c
o	m	m	o	n	.		

得到的密文为“Cenoonommstmme oo snnio. s s c”。

对置换加密的密文进行解密的过程如下。

(1) 用密文长度除以 Key 并上取整,设为 n。

(2) 画格子串,每行 n 个格子,共 Key 行。

(3) 计算需要被画成阴影的格子数,即 $n\times\text{Key}-$密文长度。

(4) 在第(2)步所画表格的最右列,从下往上,依次将第(3)步得到的阴影格子数个格子涂成阴影。

(5) 从表格的第一行左边第一个格子开始,按照从左至右,将密文逐个字符依次填入格子,一行不够填入下一行,在填的过程中跳过阴影格子。

(6) 完成后,从格子的最左列开始,自顶向下,依次写下碰到的字符。到达某列的底部时,从右边的下一列开始上述过程,即可得到明文。

例如,对密文“Cenoonommstmme oo snnio. s s c”和 Key=8,可得到解密过程为

C	e	n	o
o	n	o	m
m	s	t	m
m	e	(s)	o
o	(s)	s	n
n	i	o	.
(s)	s	(s)	
s	(s)	c	

请编写一个 Python 程序,实现置换加密的加解密过程。

第6章 chapter 6

面向对象程序设计

在后续讨论中，需要用到面向对象程序设计技术，本节简要介绍 Python 面向对象程序设计基础知识。

虽然没有明确说明，前面的 Python 例子程序中已经使用过对象。Python 中的数据类型是对象，字符串、字典和列表等都是对象的示例，每个类型的对象都有其相关联的函数（术语称为**方法**）及**属性**。如列表对象有方法 sort()用于对列表元素进行排序，字符串类型对象有 upper()方法将字符串中所有字母变成大写，等等。使用对象方法或属性的方法是在对象名后用句点运算符(.)加上方法或属性名。

面向对象程序设计中，抽象占有很重要的地位，抽象是从众多的事物中抽取出共同的、本质性的特征，而舍弃其非本质的特征。例如，苹果、香蕉、生梨、葡萄、桃子等，它们共同的特性就是水果。得出水果概念的过程，就是一个抽象的过程。所有编程语言都提供抽象机制。汇编语言是对底层硬件的抽象，Python 语言是对汇编语言的抽象，但是它仍然是对计算机内部结构的抽象，而不是针对问题领域的抽象，因此学习计算思维、实践计算机问题求解时，必须建立机器模型和实际待解决的问题模型之间的映射。

面向对象(Object Oriented，OO)方法的特点就是尽可能按照人类认识世界的方法和思维方式来分析和解决问题。客观世界由许多具体的事物或事件、抽象的概念、规则组成。因此，面向对象的方法将任何感兴趣或要加以研究的事物概念都看作"对象"。例如，每一个人都可以看作是一个对象，每一张桌子也可是一个对象。面向对象方法很自然地符合人类的认知规律，计算机实现的对象与真实世界具有一对一的对应关系。面向对象方法的核心是对象，**对象**(Object)是对客观世界中实体的抽象，对象描述由**属性**(attribute)和**方法**(method)组成：属性对应着实体的性质，方法表示可以对实体进行的操作。面向对象模型具有**封装**的特性，将数据和对数据的操作封装在一起。把同类对象抽象为**类**(class)，同类对象有相同的属性和方法。在人的认知中，通常会把相近的事物归类，并且给类别命名。例如，鸟类的共同属性是有羽毛，通过产卵生育后代。任何一只特别的鸟都是鸟类的一个实例。面向对象方法模拟了人类的这种认知过程。

6.1 Python 面向对象基础

支持面向对象设计方法的程序设计语言称为**面向对象程序设计语言**（Object-Oriented Programming Language），从语言机制上支持：

(1) 把复杂的数据和作用于这些数据的操作封装在一起，构成类，由类可以实例化对象。

(2) 支持对简单的类进行扩充、继承简单类的特性，从而设计出复杂的类。

(3) 通过多态性支持，使得设计和实现易于扩展的系统成为可能。

一个面向对象程序是由对象组成的，通过对象之间相互传递消息、进行消息响应和处理来完成功能。

Python 中创建类的语法是非常简单的，如下所示，class 是定义类的关键字，NAME 是**类名**，[body]是**类体**，即类内部的定义，可以是属性、方法等。

```
class NAME:
    [body]
```

以人类的建模为例，给出 Person 类的定义如下：

```
import datetime
class Person(object):
    population=0
    def __init__(self, name):
        self.name=name
        lastBlank=name.rindex(' ')
        self.lastName=name[lastBlank +1:]
        self.birthday=None
        Person.population +=1
    def getLastName(self):
        return self.lastName
    def setBirthday(self, birthDate):
        self.birthday=birthDate
    def getAge(self):
        if self.birthday==None:
            return -1
        return (datetime.date.today()-self.birthday).days
    def __lt__(self, other):
        if self.lastName==other.lastName:
            return self.name <other.name
        return self.lastName <other.lastName
```

```
    def __str__(self):
        return self.name
    def __del__(self):
        print('%s says bye.' %self.name)
        Person.population -=1
        if Person.population==0:
            print('I am the last one.')
        else:
            print('There are still %d people left.' %Person.population)
    def howMany(self):
        if Person.population==1:
            print('I am the only person here.')
        else:
            print('We have %d persons here.' %Person.population)
```

结合这段代码，介绍 Python 面向对象的一些基础知识。

(1) class 关键字后跟类名 Person，创建了一个新的类。其后是一个缩进的语句块构成类体。

(2) 类体中定义的函数称为**方法**，与类关联，也称为方法属性。类的方法与普通的函数只有一个特别的区别——它们必须有一个额外的第一个参数 self，但是在调用这个方法的时候不需要为 self 这个参数赋值，Python 会提供这个值。这个特别的变量指对象本身，也是一个对象，具有属性，按照惯例它的名称是 self。这意味着如果类中有一个不需要参数的方法，仍必须为这个方法定义一个 self 参数，如 getLastName(self)。

(3) 类支持两种操作。

① **实例化**(Instantiation)：由类创建一个实例，即实例化一个对象。例如，me=Person('San Zhang')就创建了 Person 类型的一个对象，me 就具有了 Person 类的所有属性。

② **属性引用**(Attribute references)：对象使用句点运算符访问类的属性，格式为"对象.属性"。例如，me.getLastName()。

(4) **__init__方法**：init 方法在类的一个对象被实例化时马上运行，该方法可以用来对实例化的对象做一些期望的初始化操作。注意，init 前后是两个**下画线**。本例中，init 方法将实例化时的人名(name)赋值给实例化对象的 name 属性，并从 name 提取出姓(lastname)赋给实例化对象的 lastName 属性。

(5) 实例化并赋予对象属性的示例如下：

```
>>>me=Person('San Zhang')
>>>me.setBirthday(datetime.date(1974,10,20))
>>>me.getAge()//365
  38
>>>print(me.getLastName())
  Zhang
```

(6) 类中定义的变量称为属性,分为两种。

① **类的变量**:由一个类的所有对象(实例)共享使用,只有一个类变量的副本,所以当某个对象对类的变量做了改动的时候,这个改动会反映到所有其他的实例上,如变量population。

② **对象的变量**:由类的每个对象/实例拥有,因此每个对象有自己对这个属性的一份副本,即它们不是共享的,在同一个类的不同实例中,虽然对象的变量有相同的名称,却是互不相关的。如self关联的变量name、lastName、birthday。

运行下面的代码可以看到这两种变量的区别。

```
>>>me=Person('San Zhang')
>>>me.howMany()
I am the only person here.
>>>you=Person('Si Li')
>>>me.howMany()
We have 2 persons here.
>>>you.howMany()
We have 2 persons here.
>>>Person.population
2
>>>del you
Si Li says bye.
There are still 1 people left.
>>>Person.population
1
```

(7) 两个特殊方法__lt__和__str__:前者**重载**了＜(小于)运算符,可将重载理解为重新定义元素符的功能,在本例中__lt__重新定义了Person类实例上的"小于"比较操作,通过姓名的字典序来对Person对象进行排序。__str__重新定义了Person类的显示方式,即用print打印一个Person对象时输出什么,此处定义打印Person对象的name属性。运行示例如下:

```
>>>me=Person('San Zhang')
>>>you=Person('Si Li')
>>>him=Person('Wu Wang')
>>>pList=[me, him, you]
>>>for p in pList:
    print(p)

San Zhang
Wu Wang
Si Li
```

```
>>>pList.sort()
>>>for p in pList:
    print(p)

Si Li
Wu Wang
San Zhang
```

面向对象编程带来的主要好处之一是代码的重用，实现这种重用的方法之一是**继承**(Inheritance)机制。继承完全可以理解成类的类型和子类型的关系，被继承的类称为**基类或超类**，而继承于其他类的类称为**子类**或导出类。下面的程序定义了 NUDTPerson 类，它继承于前面创建的 Person 类：

```
class NUDTPerson(Person):
  nextIdNum=0
  def __init__(self, name):
      Person.__init__(self, name)
      self.idNum=NUDTPerson.nextIdNum
      NUDTPerson.nextIdNum+=1
  def getIdNum(self):
      return self.idNum
  def __lt__(self, other):
      return self.idNum<other.idNum
```

NUDTPerson 类定义中，其后圆括号内的 Person 表示 NUDTPerson 继承于 Person 类，此时 Person 就是基类，NUDTPerson 就是子类。此时，回顾定义 Person 类时，其后面圆括号中的 object 表示 Person 类不会有基类了，它是最顶层的类。此外：

(1) NUDTPerson 增加了一个新的类属性 nextIdNum、一个实例属性 idNum 和一个方法 getIdNum。

(2) 重载了基类 Person 的方法，如__init__和__lt__方法。__init__方法中，先调用父类的__init__方法为 name 和 lastName 属性赋值，然后为新增的属性 idNum 赋值，最后修改类属性 nextIdNum 的值。__lt__重新定义了 NUDTPerson 对象比较大小的依据，将基类中基于姓名的比较改成了基于 idNum 的比较。

考虑下面的程序片段：

```
p1=NUDTPerson('San Zhang')
print(str(p1)+'\'s id number is '+str(p1.getIdNum()))
```

str(p1)将导致调用 p1 对象的__str__方法，p1 是 NUDTPerson 类型的对象，而 NUDTPerson 中并没有定义__str__方法，那么，将会检查其基类 Person 是否定义了该方

法。发现 Person 类定义了该方法，则调用 Person 类的__str__方法。因此，这段代码输出为

```
San Zhang's id number is 0
```

再考虑下面这段程序：

```
p1=NUDTPerson('San Zhang')
p2=NUDTPerson('Si Li')
p3=NUDTPerson('Si Li')
p4=Person('Si Li')

print('p1<p2=', p1<p2)
print('p3<p2=', p3<p2)
print('p4<p1=', p4<p1)
```

这段程序首先创建了 4 个虚拟人，3 个人都叫“Si Li”，其中有 2 个是 NUDTPerson 类型的(即 p2 和 p3)，1 个是 Person 类型的(即 p4)。p1、p2、p3 间的相互比较使用的是 NUDTPerson 类中定义的__lt__方法。p4 与 p1 由于类型不同，因此它们之间的比较是不同类型对象间的比较，此时由＜左边的操作数决定使用哪个__lt__方法，因此等价于 p4.__lt__(p1)，即小于比较使用的是 Person 类中定义的__lt__方法。而 p1 是 NUDTPerson 类型的对象，可以使用其基类 Person 类中定义的方法，所以比较的依据是名字的字典序。因此输出为

```
p1<p2=True
p3<p2=False
p4<p1=True
```

但是将上面程序的最后一句改为 print('p1＜p4＝', p1＜p4)时会报错。因为此时小于比较由 p1 决定，使用的是 NUDTPerson 中定义的方法，比较依据是 idNum，而 p4 没有这样一个属性，因此无法进行比较而报错。

6.2 一个实际的例子：按揭贷款

2008 年美国的次贷危机导致全球经济下滑，至今还未完全恢复。次贷危机的一个因素是很多房主都采用按揭贷款(Mortgage)来购房，而未考虑按揭贷款带来的不可预知的后果。早期的按揭贷款非常简单，房主从银行借钱，然后在接下来的 15～30 年间，每月向银行支付一个固定额度以还钱。贷款到期后，银行收回借款和一定的利息，而房主完全地拥有了住房。20 世纪末期，按揭贷款变得复杂了，人们可以选择在按揭开始时支付“几个点”以降低贷款利率，1 个点指的是贷款额的 1%；或者选择多利率贷款，通常初始利息率非常低(称为引诱利率)，然后慢慢攀升，因此每个月还给银行的钱是不固定的。

提供多种贷款方式供选择是好事，但是无良的放贷商通常不会详细解释各种贷款方式的长远影响，往往会给贷款者造成重大的影响。

在了解了按揭贷款的规则后，可以将这些规则变成计算机能理解的程序语句，利用计算机问题求解来帮助选择贷款方式。下面考虑3种贷款方式。

(1) 固定利息率，不支付任何点。

(2) 固定利息率，支付一定的点。

(3) 可变利息率，低引诱利率，随后高利息率。

利用面向对象程序设计技术，考虑按揭贷款是将要研究的对象，各种贷款选择除了有共同点(每次贷款包含本金和利息)外，又有不同点(如利率、是否支付点等)。因此，可将按揭贷款中的贷款设计成一个类，而3种贷款设计成它的子类。由于贷款类并不进行具体的诸如计算利息等这类计算，将其设计成**抽象类**(abstract class)，只包含必要的供子类使用的函数，而不做具体的实现，也不建议直接实例化这个类。

Mortgage类的定义如下：

```
def findPayment(loan, r, m):
  return loan * ((r * (1+r) * * m)/((1+r) * * m-1))
class Mortgage(object):
   def __init__(self, loan, annRate, months):
       """Create a new mortgage"""
       self.loan=loan
       self.rate=annRate/12.0
       self.months=months
       self.paid=[0.0]
      self.owed=[loan]
      self.payment=findPayment(loan, self.rate, months)
      self.legend=None
   def makePayment(self):
       self.paid.append(self.payment)
       reduction=self.payment-self.owed[-1] * self.rate
       self.owed.append(self.owed[-1]-reduction)
   def getTotalPaid(self):
       return sum(self.paid)
   def __str__(self):
       return self.legend
```

这段程序定义了Mortgage类，包括：

(1) 每月应支付给银行的还款由函数findPayment计算，公式为loan $*((r*(1+r)^{m})/(1+r)^{m}-1)$，其中loan为贷款数，r是利息率，m是贷款期限，以月计算。

(2) Mortgage对象初始化时需要指定贷款额(loan)、月利息率(rate)、贷款期限(months，以月计)，以及每月开始时(即到该月)已经支付的金额(paid)、每月开始时还剩的贷款额(owed)、每月应付金额(payment)，以及对贷款类型的描述(legend)。

(3) makePayment 方法用于记录贷款的支付内容，每月支付给银行的金额一部分用于支付利息，一部分用于归还本金，因此该方法中同时对 paid 和 owed 属性值进行了修改。

(4) getTotalPaid 方法用于计算支付给银行的本金和利息总额。

以 Mortgage 为父类，下面的程序定义了 3 个子类 Fixed、FixedWithPoints 和 TwoRate，这 3 个子类都利用基类 Mortgage 的__init__方法进行初始化，然后在 legend 属性上填上自己的贷款类型描述。TwoRate 类有两个利率，新增了 teaserRate 和 nextRate 两个属性，在 teaserRate 到期后按 nextRate 利率支付利息。

compareMortgages 函数用于比较 3 种贷款方式在各自利率下，同等额度贷款、同等时限下，最后还给银行的总金额。

```
class Fixed(Mortgage):
    def __init__(self, loan, r, months):
        Mortgage.__init__(self, loan, r, months)
        self.legend='Fixed, '+str(r * 100)+'%'
class FixedWithPoints(Mortgage):
    def __init__(self, loan, r, months, pts):
        Mortgage.__init__(self, loan, r, months)
        self.pts=pts
        self.paid=[loan * (pts/100.0)]
       self.legend='Fixed, '+str(r * 100)+'%, '+\
       str(pts)+' points'
class TwoRate(Mortgage):
    def __init__(self, loan, r, months, teaserRate, teaserMonths):
        Mortgage.__init__(self, loan, teaserRate, months)
        self.teaserMonths=teaserMonths
        self.teaserRate=teaserRate
        self.nextRate=r/12.0
        self.legend=str(teaserRate * 100)\
                    +'%for '+str(self.teaserMonths)\
                    +' months, \n then '+str(r * 100)+'%'
    def makePayment(self):
        if len(self.paid)==self.teaserMonths+1:
            self.rate=self.nextRate
            self.payment=findPayment(self.owed[-1], self.rate,
                                     self.months-self.teaserMonths)
        Mortgage.makePayment(self)
def compareMortgages(amt, years, fixedRate, pts, ptsRate, varRate1, varRate2,
varMonths):
    totMonths=years * 12
    fixed1=Fixed(amt, fixedRate, totMonths)
```

```
    fixed2=FixedWithPoints(amt, ptsRate, totMonths, pts)
    twoRate=TwoRate(amt, varRate2, totMonths, varRate1, varMonths)
    morts=[fixed1, fixed2, twoRate]
    for m in range(totMonths):
        for mort in morts:
            mort.makePayment()
    for m in morts:
        print(m)
        print(' Total payments='+str(int(m.getTotalPaid())))
```

以下面的方式(参数)调用 compareMortgages:

```
compareMortgages(amt=200000, years=30, fixedRate=0.07,
                 pts=3.25, ptsRate=0.05,varRate1=0.045,
                 varRate2=0.095, varMonths=48)
```

运行结果如下:

```
Fixed, 7.0%
Total payments=479017
Fixed, 5.0%, 3.25 points
Total payments=393011
4.5%for 48 months,
then 9.5%
Total payments=551444
```

可以看到,贷款 20 万元,时间为 30 年,固定利率贷款方式,利息为 7%时,需还款总数为 479 017 元。若是带一定点数的固定利率贷款方式,点数为 3.25,利息为 5%,则需还款总数为 393 011 元。而对可变利率贷款方式,若引诱利率为 4.5%,时限 48 个月,之后利率为 9%,则需还款总额为 551 444 元。利用上述程序,可及时了解各种贷款方式下需还款的总额,以便选取合适的贷款方式。

6.3 数据的图形化

按揭贷款程序最后的输出可以看到哪种贷款方式会比较省钱,为选择贷款方式提供了决策支持。当想进一步研究各种贷款方式对今后的影响,例如,何时还贷压力最大等,可以将保存的各种数据打印出来。但是从一大堆数据中发现规律是很困难的事。俗语说"一幅图抵得上一千句话",如果能将这些数据以图形化的方式输出,将更直观和更有意义。

Python 的 PyLab 库提供了图形化输出数据的支持。下面这段代码将在二维坐标上绘制一条曲线,如图 6-1 所示。

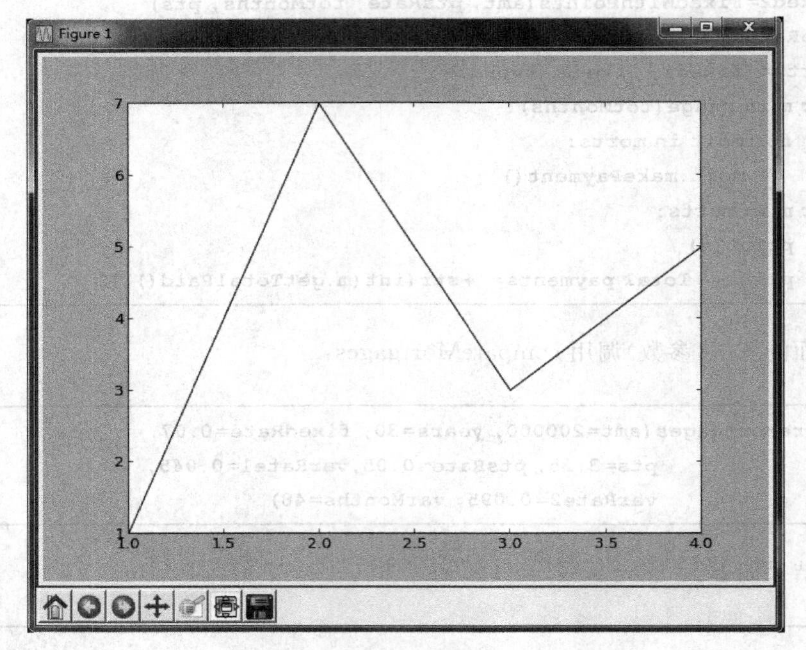

图 6-1　PyLab 绘制曲线示例

```
import pylab
pylab.figure(1)
pylab.plot([1,2,3,4],[1,7,3,5])
pylab.show()
```

图 6-1 中,窗口标题为 Figure 1,该窗口由第 2 行的语句创建。窗口中间的曲线是由第 3 行语句,即 pylab. plot 函数绘制,该函数的两个参数都是序列类型的变量,此处用了列表类型,要求这两个参数的长度必须一样,例如,此处都是 4 个元素。第 1 个参数是要绘制的所有点的 x 坐标,第 2 个参数是这些点的 y 坐标,此处将绘制四个点,坐标分别为[(1,1),(2,7),(3,3),(4,5)],plot 函数将依次绘制点,并用线连接起来。最后利用 pylab. show()显示窗口及绘制的曲线。

下面是一个更一般化的例子。这段代码绘制了投资 10 000 元,按年收益 5%计算,每年资产增长情况图。有几个需要说明的地方。

(1) 第 8 行调用 pylab. plot 时,只有一个列表,此时省略了横坐标值,由 PyLab 自动生成横坐标值,长度与 values 一样,范围为 0～20。参数'ro'表示用红色绘制,点之间不连线。

(2) pylab. title 为绘制的图添加一个说明性的标题。

(3) pylab. xlabel 和 pylab. ylabel 分别为 x 轴和 y 轴添加标注。

程序输出如图 6-2 所示,注意各种说明语句出现的位置。

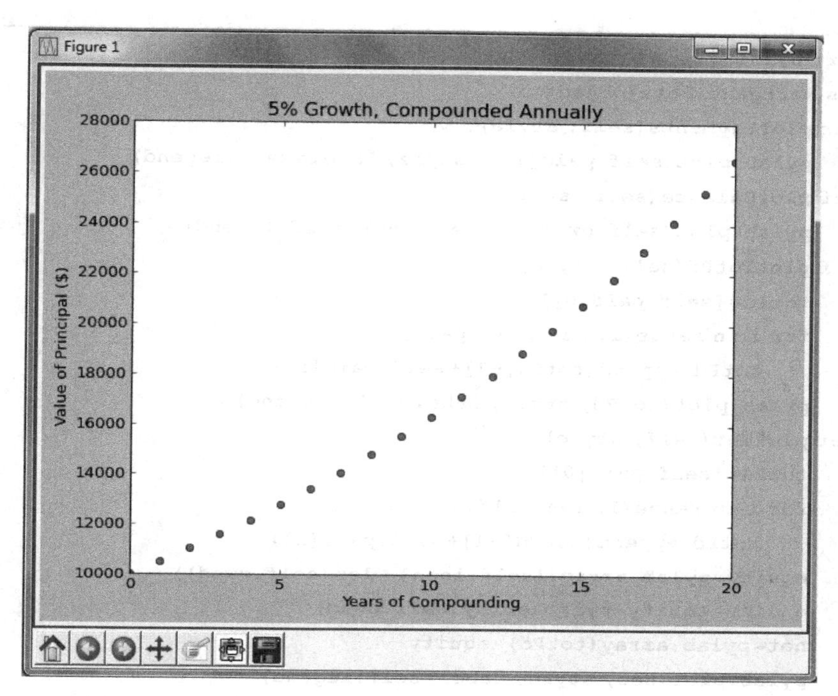

图 6-2　PyLab 绘制曲线示例

```
principal=10000
interestRate=0.05
years=20
values=[]
for i in range(years+1):
  values.append(principal)
  principal+=principal * interestRate
pylab.plot(values, 'ro')
pylab.title('5%Growth, Compounded Annually')
pylab.xlabel('Years of Compounding')
pylab.ylabel('Value of Principal ($ )')
pylab.show()
```

借助 PyLab 库，可以将按揭贷款涉及的各类数据图形化显示出来。首先修改 Mortgage 类的定义，将 6.2 节 Mortgage 类的定义由“class Mortgage(object):”修改为“class Mortgage(MortgagePlots, object):”其他代码不变。此处 Mortgage 类继承于两个类，称为**多重继承**，将具备两个基类的属性和方法。定义绘制按揭贷款的类 MortgagePlots 的程序如下。其中，plotTotPd 函数用于绘制总还贷数按月的累计值，plotNet 绘制贷款的近似总成本，即应付给银行的利息总数，近似是因为未考虑货币贬值等因素。

```
import pylab
class MortgagePlots(object):
   def plotPayments(self, style):
       pylab.plot(self.paid[1:], style, label=self.legend)
   def plotBalance(self, style):
       pylab.plot(self.owed, style, label=self.legend)
   def plotTotPd(self, style):
       totPd=[self.paid[0]]
       for i in range(1, len(self.paid)):
          totPd.append(totPd[-1]+self.paid[i])
       pylab.plot(totPd, style, label=self.legend)
   def plotNet(self, style):
       totPd=[self.paid[0]]
       for i in range(1, len(self.paid)):
          totPd.append(totPd[-1]+self.paid[i])
       equity=pylab.array([self.loan] * len(self.owed))
       equity=equity-pylab.array(self.owed)
       net=pylab.array(totPd)-equity
       pylab.plot(net, style, label=self.legend)
```

下面的代码以贷款类型对象列表和贷款额为参数，完成具体的绘制工作。

```
def plotMortgage(morts, amt):
   styles=['b-', 'b-.', 'b:']
   payments=0
   cost=1
   balance=2
   netCost=3

   pylab.figure(payments)
   pylab.title('Monthly Payments of Different $ '+\
   str(amt)+' Mortgages')
  pylab.xlabel('Months')
  pylab.ylabel('Monthly Payments')

  pylab.figure(cost)
  pylab.title('Cash Outlay Different $ '+str(amt)+' Mortgages')
  pylab.xlabel('Months')
  pylab.ylabel('Total Payments')

  pylab.figure(balance)
  pylab.title('Balance Remaining $ '+str(amt)+' Mortgages')
```

```
    pylab.xlabel('Months')
    pylab.ylabel('Remaining Loan Balance $ ')

    pylab.figure(netCost)
    pylab.title('Net Cost $ '+str(amt)+' Mortgages')
    pylab.xlabel('Months')
    pylab.ylabel('Payments-Equity $ ')

    for i in range(len(morts)):
        pylab.figure(payments)
        morts[i].plotPayments(styles[i])

        pylab.figure(cost)
        morts[i].plotTotPd(styles[i])

        pylab.figure(balance)
        morts[i].plotBalance(styles[i])

        pylab.figure(netCost)
        morts[i].plotNet(styles[i])

    pylab.figure(payments)
    pylab.legend(loc='upper center')

    pylab.figure(cost)
    pylab.legend(loc='best')

    pylab.figure(balance)
    pylab.legend(loc='best')

    pylab.show()
```

修改 6.2 节定义的 compareMortgages 函数，使其可以进行图形化的比较。

```
def compareMortgages(amt, years, fixedRate, pts, ptsRate,
                     varRate1, varRate2, varMonths):
    totMonths=years * 12
    fixed1=Fixed(amt, fixedRate, totMonths)
    fixed2=FixedWithPoints(amt, ptsRate, totMonths, pts)
    twoRate=TwoRate(amt, varRate2, totMonths, varRate1, varMonths)
    morts=[fixed1, fixed2, twoRate]
    for m in range(totMonths):
        for mort in morts:
            mort.makePayment()
    plotMortgage(morts, amt)
```

用下面的参数调用 compareMortgages 函数，可以看到各种按揭方式的成本比较。从结果可以看出不同贷款类型的每月还贷额、随着时间推移到目前为止的还贷总额等信息，还可以得出多利息率贷款类型下，刚开始时还贷压力较小等结论。

```
compareMortgages(amt=200000, years=30, fixedRate=0.07,
                 pts=3.25, ptsRate=0.05,varRate1=0.045,
                 varRate2=0.095, varMonths=48)
```

6.4 小结

本章介绍了 Python 对面向对象程序设计的支持，包括类的定义、对象的实例化，以及对象方法和属性的访问方法等。面向对象分析与设计非常贴近于人类看待事物的方式，在将对象模型转换为面向对象程序时非常方便和直接，减小了抽象模型到计算模型转换的语法和语义差距。面向对象程序设计带来的另一大好处是重用，本章的例子可以看到，通过抽象和继承，子类可以在不编写额外代码的情况下重用父类的方法和属性。

本章结合按揭这种日常生活中常见的经济活动，展示了 Python 面向对象程序设计的能力。借助该实例，展示了图形化数据的方法。后面的章节将会大量用到这些方法和技术。要求通过本章的学习，能掌握基本的面向对象程序设计知识，能看懂 Python 面向对象程序，并能根据要求进行简单的修改。能掌握数据图形化的基本技术。

习题

1. 与第 2 章内容相比，请列举面向对象程序设计与面向过程程序设计技术之间的区别，以及各自的优缺点。

2. 请基于本章 NUDTPerson 类，分别定义代表教师和学生的两个子类，并为教师类添加教师所授课程的属性，为学生添加学生所选课程的属性，用适当的数据类型来表示所授课程和所选课程，课程可能不止一门。并添加适当的方法来对新增的属性进行添加、删除、更改、查询的操作。

3. 随机生成 100 对整数，每对整数的第一维为 x 坐标，第二维为 y 坐标，利用本章所学 PyLab，将这 100 对整数对应的坐标点画出来，并按照整数对生成的顺序，用线连接。

4. 请用面向对象程序设计技术，设计一个保存多个实数的类，类中包含顺序查找、二分搜索、插入排序、快速排序、选择排序等方法。

第7章 chapter 7

计算机系统

经过前面章节的学习，已经知道计算机是一种可编程的机器，它接收输入，存储并且处理数据，然后按某种有意义的格式进行输出。可编程指的是能给计算机下一系列的命令，并且这些命令能被保存在计算机中，并在某个时刻能被取出执行。

7.1 概 述

通常所说的计算机实际上指的是计算机系统，它包括**硬件**和**软件**两大部分。硬件系统指的是物理设备，包括用于存储并处理数据的主机系统，以及各种与主机相连的、用于输入和输出数据的外部设备，如键盘、鼠标、显示器、磁带机等，根据其用途又分为输入设备和输出设备。计算机的硬件系统是整个计算机系统运行的物理平台。计算机系统要能发挥作用，仅有硬件系统是不够的，还需要具备完成各项操作的程序，以及支持这些程序运行的平台等条件，这就是软件系统。硬件系统的介绍请参看第1章关于冯·诺依曼体系结构的介绍。

除了看得见摸得着的硬件之外，计算机系统中还包含各种计算机软件系统，简称为软件。严格来说，软件是指计算机系统中的程序、要处理的数据及其相关文档。程序是计算任务的处理对象和处理规则的描述，数据是使程序能正常操纵信息的数据结构，文档是为了便于理解程序所需的描述或说明性资料。程序必须存入计算机内部才能工作，文档一般是给人看的，不一定存入计算机。

软件系统是用户与硬件之间的接口，着重解决如何管理和使用计算机的问题。用户主要是通过软件系统与计算机进行交流。软件是计算机系统设计的重要依据。为了方便用户，以及使计算机系统具有较高的总体效用，在设计计算机系统时，必须通盘考虑软件与硬件的结合，以及用户的要求和软件的要求。没有任何软件支持的计算机称为裸机，其本身不能完成任何功能，只有配备一定的软件才能发挥功效。

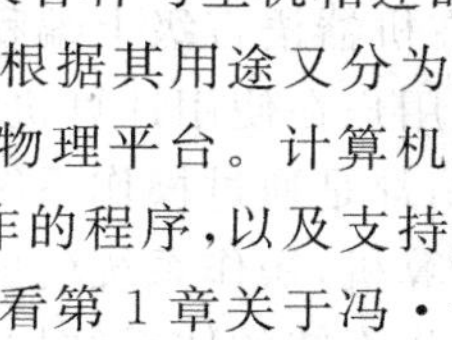

应用软件
支撑软件
系统软件
硬件系统

图7-1 计算机软件系统结构

软件系统通常分为系统软件、支撑软件和应用软件。软件系统与硬件系统，以及软件系统之间的关系如图7-1所示，这是典型的分层结构，下层系统向上层系统提供服务，上层系统利用下层系统提供的服务，以及特定的程序，可以完成指定的任务。使用计算机并不会直接操作计算机硬件，而是通过在操作系统和各种应用软件上的操作来控制计算机完成各种任务。

软件系统中最重要的是**操作系统**(Operating System)，在现代计算机系统中，操作系统是计算机系统中最基本的系统软件，是整个计算机系统的控制中心。日常使用的Windows 7、麒麟操作系统、Ubantu、MacOS等都是典型的计算机操作系统，而Android、iOS是典型的智能手机操作系统。操作系统负责管理计算机系统的软硬件资源，为用户提供使用计算机系统的良好环境，并且采用合理有效的方法组织多个用户共享各种计算机系统资源，最大限度地提高系统资源的利用率。操作系统在计算机系统具有资源管理者和用户接口两重角色。

(1) 资源管理者：计算机系统的资源包括硬件资源和软件资源。从管理角度看，计算机系统资源可分为四大类：处理机、存储器、输入输出设备和信息(通常是文件)。操作系统的目标是使整个计算机系统的资源得到充分有效的利用，为达到该目标，一般通过在相互竞争的程序之间合理有序地控制系统资源的分配，从而实现对计算机系统工作流程的控制。作为资源管理者，操作系统的主要工作是跟踪资源状态、分配资源、回收资源和保护资源。由此，可以把操作系统看成是由一组资源管理器(处理机管理、存储器管理、输入输出设备管理和文件管理)构成的。

(2) 用户接口：在计算机系统组成的4个层次中，硬件处于最底层。对多数计算机而言，在机器语言级上编程是相当困难的，尤其是对输入输出操作编程。需要一种抽象机制让用户在使用计算机时不涉及硬件细节。操作系统正是这样一种抽象，用户使用计算机时，都是通过操作系统进行的，不必了解计算机硬件工作的细节。通过操作系统来使用计算机，操作系统就成为了用户和计算机之间的接口。

操作系统的体系结构如图7-2所示，由操作系统内核与Shell构成。Shell是操作系

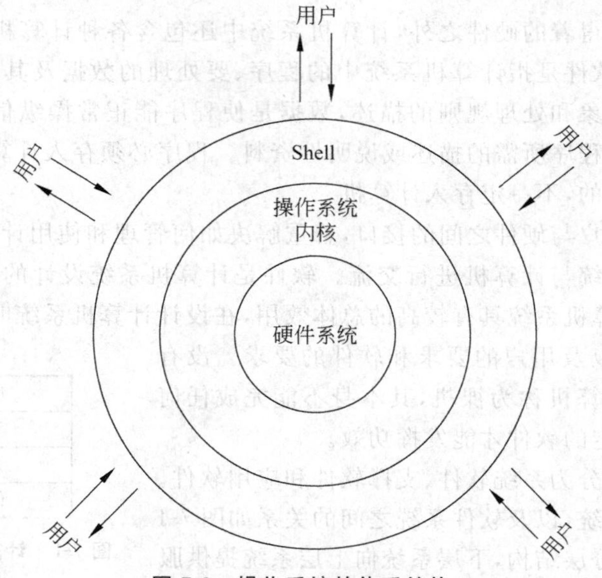

图7-2 操作系统的体系结构

统的外壳，用于操作系统与用户的通信，它提供了各种命令供用户使用。Shell 可以是字符界面的或图形界面的。内核是操作系统的核心，通常包括以下功能。

(1) 处理机管理：在多道程序或多用户的环境下，处理机的分配和运行都是以进程为基本单位，因而对处理机的管理可归结为对进程的管理。进程管理主要包括进程控制、进程同步、进程通信和进程调度。

(2) 存储器管理：在多道程序环境下，有效管理主存资源，实现主存在多道程序之间共享，提高主存的利用率。存储管理主要包括主存分配、主存保护、地址映射和主存扩充等任务。

(3) 设备管理：管理外部设备。主要功能包括缓冲管理、设备分配、设备处理、设备虚拟化，以及为用户提供一组设备驱动程序。外部设备种类繁多，物理特性相差很大，操作系统要屏蔽这些外设的细节，提供比较统一的使用方式和接口。

(4) 文件管理：现代计算机系统中，总是把程序和数据以文件的形式存储在磁盘等外部存储器中供用户使用。文件管理的主要任务是对用户文件和系统文件进行管理，并保证文件的安全性。主要包括文件存储空间管理、目录管理、文件访问管理和文件访问控制等。

7.2 数字电路

数字电路是现代计算机的重要基石，利用硬件物理上实现了对二进制信息的表示、处理和存储。数字电路本质上实现的是二进制的逻辑运算，通过逻辑运算实现加、减、乘、除等算术运算。二进制上的逻辑运算如图 7-3 所示。图 7-3(a)是**与**运算表，图 7-3(b)是**或**运算表，图 7-3(c)是**异或**运算表，图 7-3(d)是**非**运算表。表中最右一列是运算结果，其左边的几列是运算数。例如，图 7-3(a)中第二行表示 A、B 都为 0 时，它们的与运算结果为 0。

A	B	$A \wedge B$
0	0	0
0	1	0
1	0	0
1	1	1

(a) 与运算表

A	B	$A \vee B$
0	0	0
0	1	1
1	0	1
1	1	1

(b) 或运算表

A	B	$A \oplus B$
0	0	0
0	1	1
1	0	1
1	1	0

(c) 异或运算表

A	$\neg A$
0	1
1	0

(d) 非运算表

图 7-3 二进制逻辑运算表

计算机硬件系统由各种电路构成，而组成这些电路的基本单元是金属氧化物半导体(metal-oxide-semiconductor，MOS)晶体管。通过晶体管可以构成相应的逻辑门，以完成对应的逻辑运算，这些逻辑门有与门、或门、非门和反相器等，其符号如图 7-4 所示(符号中小圆圈表示对输出值进行非运算)。左边的连线是逻辑门的输入端，右边为输出端。当逻辑门的输入信号到来时，将根据该门的运算规则立即产生输出信号，运算规则见图 7-3。由这些逻辑门构成的电路通常称为**数字电路**。

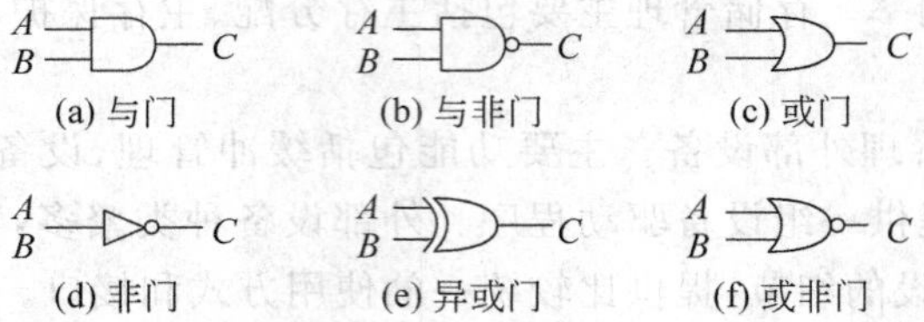

A B C (a) 与门　A B C (b) 与非门　A B C (c) 或门

A B C (d) 非门　A B C (e) 异或门　A B C (f) 或非门

图 7-4　常用逻辑门

7.2.1　逻辑门的建模与模拟

本节借助计算思维来讨论数字电路，以便为更好地理解和掌握计算机系统打好基础。第 3 章介绍过计算思维的本质是自动化地执行抽象的结果，即建模与模拟。此处讨论数字电路时，对其进行抽象，主要关心的是数字电路的行为和功能。

(1) 对逻辑门进行抽象，抽象时不关心逻辑门是如何由晶体管构成的，也不关心逻辑门的电流、电压、功耗等特性，抽象的结果是每个逻辑门的运算表。例如，与门的行为是对两个输入做与运算，那么，抽象出来的与门模型就是如图 7-3(a)所示的运算表。

(2) 逻辑门除了完成运算表的功能外，其行为最大的特性是**输入触发**的，即当任一输入信号发生变化时，都会触发逻辑门根据新的输入值完成运算表的运算，形成新的输出信号。

(3) 对具体的数字电路，抽象时不关心电路中逻辑门之间是用哪种物理连线进行连接、有几个焊点等特性，将逻辑门输入输出之间的连线抽象成一条线，最后得到的抽象模型只有逻辑门的位置和逻辑门之间输入与输出的连接关系，即某个逻辑门的输出将与另一个逻辑门的某一个输入连接。

(4) 展现数字电路的行为时，是在其抽象模型上，根据逻辑门之间的连接关系和逻辑门的运算表，进行从输入到输出的一系列逻辑运算后，查看输入会得到什么输出。

具体来说，首先利用 Python 面向对象程序设计方法，为图 7-4 中的各种逻辑门设计相应的类，模拟抽象出来运算表的功能。然后用这些逻辑门类的对象，根据具体电路抽象出来的连接关系构造出各种逻辑电路的抽象，通过运行该抽象模型展现电路的行为。理论上，二进制上的各种逻辑运算可通过与、非，或者或、非的组合表达出来，因此，此处先定义与、或、非 3 种简单逻辑门的类，再由它们构造出其他逻辑门。

首先为逻辑门的输入输出**连线**建模，图 7-4 中标记为 A、B 的连线为输入连线，标记为 C 的连线为输出连线。Python 程序如下：

```
class Connector :
    def __init__(self, owner, name, activates=0, monitor=0):
        self.value=None
        self.owner=owner
        self.name  =name
        self.monitor  =monitor
        self.connects=[]
        self.activates=activates
    def connect (self, inputs) :
        if type(inputs) !=type([]) : inputs=[inputs]
        for input in inputs :
            self.connects.append(input)
    def set (self, value) :
        if self.value==value : return
            self.value=value
        if self.activates :
            self.owner.evaluate()
        if self.monitor :
            print("Connector %s-%s set to %s"
                %(self.owner.name,self.name,self.value * True))
        for con in self.connects : con.set(value)
```

连线类是进行信号传输的，不具备任何运算功能，上面程序中：

(1) Connector 类的属性包括连线属于谁(owner)、连线的名字(name)、连线上的值(value)，此外：

① 输出连线一般会连接 1 个或多个其他逻辑门的输入连线，需要记录所有连接到该输出线上的其他输入连线，因此有属性 connects，这是一个列表。

② 如果输出连线是逻辑电路的最终输出，则可以在这里看到整个电路输出值的变化，因此用属性 monitor 来指明是否为最终输出。

③ 对输入连线，有 activates 属性，保证输入连线上值的变化会触发逻辑门重新求值，进而修改逻辑门输出连线上的值。

(2) connect 方法：供输出连线对象使用，将所有与其连接的输入连线连接到其上。

(3) set 方法：对输出连线，由连线的所有者调用该方法设置输出连线上的值。对输入连线，由其所连接的输出连线调用该方法设置输入连线上的值。电路工作时，输入连线上值的变化又将触发其所有者逻辑门进行求值，导致其所有者逻辑门调用该方法设置输出连线的值，形成级联。如果输出连线是电路的最终输出(monitor 属性值为 1)，则直接输出连线上的值。

Python 中定义逻辑门的类如下，注意 LC 类是一个**虚类**(Virtual class)，不要直接用 LC 类实例化对象，而是实例化其子类。LC 类只是定义了 name 属性(用于表示逻辑门的名字)和一个不具备任何功能的方法 evaluate，该方法将由子类进行重载，实现不同类型逻辑门(与、或、非)的具体逻辑运算功能。

```
class LC :
    def __init__ (self, name) :
        self.name=name
    def evaluate (self) : return
```

利用继承机制,首先实现非门。非门只有 2 个连线:一个是输入,一个是输出,分别命名为 A 和 B,都是 Connector 类的对象,其中连线 A 的 activates 属性设为 1,表示 A 是输入连线,B 为输出连线。非门的 Python 类重载了 evaluate 函数,将输出连线上的值设为输入连线值的非,evaluate 函数的行为由非运算表决定。

```
class Not (LC) :
    def __init__ (self, name) :
        LC.__init__ (self, name)
        self.A=Connector(self,'A', activates=1)
        self.B=Connector(self,'B')
    def evaluate (self) : self.B.set(not self.A.value)
```

非门较为特殊,只有 1 个输入、1 个输出,而与门、或门是 2 个输入、1 个输出,在 LC 类的继承链上为这种类型的逻辑门构建一个基类 Gate2,表示 2 输入逻辑门,程序如下。Gate2 类型的逻辑门是所有有 2 个输入、1 个输出的逻辑门的抽象,实现上将输入连线分别命名为 A 和 B,输出连线命名为 C。Gate2 类是抽象类,不具备具体的逻辑运算功能。

```
class Gate2 (LC) :
    def __init__ (self, name) :
        LC.__init__ (self, name)
        self.A=Connector(self,'A',activates=1)
        self.B=Connector(self,'B',activates=1)
        self.C=Connector(self,'C')
```

继承于 Gate2,定义与门、或门的类如下,此时只需要重载 evaluate 方法。

```
class And (Gate2) :
    def __init__ (self, name) :
        Gate2.__init__ (self, name)
    def evaluate (self) : self.C.set(self.A.value and self.B.value)

class Or (Gate2) :
    def __init__ (self, name) :
        Gate2.__init__ (self, name)
    def evaluate (self) : self.C.set(self.A.value or self.B.value)
```

逻辑门类的使用示例如下，以与门为例，因为只有一个与门构成逻辑电路，因此其输出连线就是最终输出，将与门对象输出连线 C 的 monitor 属性设为 1。从运行结果可见，当 2 个输入连线上的值都为 1 时，与门输出为 1，符合运算表的定义。

```
>>>from logic import *
>>>a=And('A1')
>>>a.C.monitor=1
>>>a.A.set(1)
>>>a.B.set(1)
Connector A1-C set to 1
```

图 7-5 给出了与非门的连接关系，与非门在与门的输出连线上连接一个非门。此时，由两个逻辑门构成了一个逻辑电路，非门的输出变成了最终输出。在前面实例化的与门基础上，可用下面的语句构造与非门，利用了与门和非门的连接关系进行构造：

```
>>>a=And('A1')
>>>a.A.set(1)
>>>n=Not('N1')
>>>a.C.connect(n.A)
>>>n.B.monitor=1
>>>a.B.set(0)
Connector N1-B set to 1
```

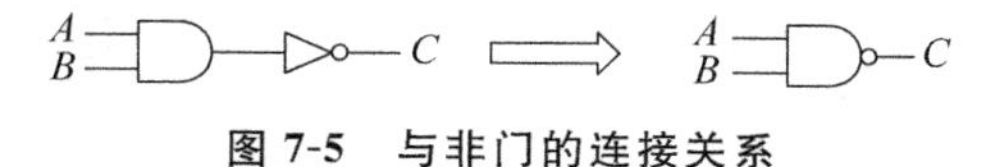

图 7-5 与非门的连接关系

图 7-6 给出了用与门、或门、非门实现异或门的方法，根据其连接关系，可定义异或门类如下。因为异或门是复合逻辑门，即由多个简单逻辑门构成，因此，evaluate 方法不具备任何功能，不需要重载 Gate2 类的 evaluate 方法，而是由其内部的逻辑门及其连接关系直接进行求值。

```
class Xor (Gate2) :
    def __init__ (self, name) :
        Gate2.__init__ (self, name)
        self.A1=And("A1")
        self.A2=And("A2")
        self.I1=Not("I1")
        self.I2=Not("I2")
        self.O1=Or ("O1")
        self.A.connect ([ self.A1.A, self.I2.A])
        self.B.connect ([ self.I1.A, self.A2.A])
```

```
        self.I1.B.connect ([ self.A1.B ])
        self.I2.B.connect ([ self.A2.B ])
        self.A1.C.connect ([ self.O1.A ])
        self.A2.C.connect ([ self.O1.B ])
        self.O1.C.connect ([ self.C ])
```

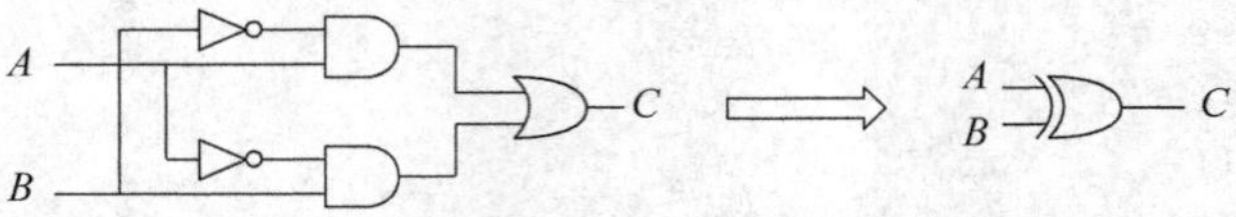

图 7-6　异或门的连接关系

实例化 Xor 对象的语句如下，可以看出 Xor 类的功能与异或门的运算表相符。

```
>>>o1=Xor('o1')
>>>o1.C.monitor=1
>>>o1.A.set(0)
>>>o1.B.set(0)
Connector o1-C set to 0
>>>o1.B.set(1)
Connector o1-C set to 1
>>>o1.A.set(1)
Connector o1-C set to 0
```

7.2.2　加法器

基于上述逻辑运算，可以定义算术运算。以加法为例，两个 1 位的二进制数相加，其运算规则如下：

$$0+0=0$$

$$0+1=1$$

$$1+0=1$$

$$1+1=0 \quad \text{并且进位为1}$$

可见，两个 1 位二进制数相加，其和与输入的关系是异或，其进位与输入的关系是与。构建对应的逻辑电路如图 7-7(a)所示。这种加法器又称为**半加器**，因为这种加法没有考虑低位来的进位，图 7-7(b)是半加器的符号。

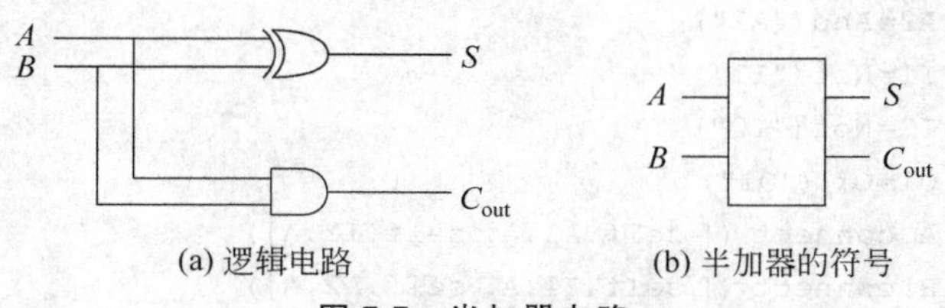

(a) 逻辑电路　　(b) 半加器的符号

图 7-7　半加器电路

由图中逻辑电路连接关系，仿照异或门，可定义半加器类如下：

```
class HalfAdder (LC) :
   def __init__ (self, name) :
       LC.__init__ (self, name)
       self.A=Connector(self,'A',1)
       self.B=Connector(self,'B',1)
       self.S=Connector(self,'S')
       self.C=Connector(self,'C')
       self.X1=Xor("X1")
       self.A1=And("A1")
       self.A.connect ([ self.X1.A, self.A1.A])
       self.B.connect ([ self.X1.B, self.A1.B])
       self.X1.C.connect ([ self.S])
       self.A1.C.connect ([ self.C])
```

对其进行实例化，代码如下，可以看到，上面的代码实现了半加器的功能，并且在一个输入发生变化时，半加器的输出马上发生变化，这正体现了组合逻辑电路的特点。

```
>>>h1=HalfAdder("H1")
>>>h1.S.monitor=1
>>>h1.C.monitor=1
>>>h1.A.set(0)
Connector H1-C set to 0
>>>h1.B.set(0)
Connector H1-S set to 0
>>>h1.B.set(1)
Connector H1-S set to 1
>>>h1.A.set(1)
Connector H1-S set to 0
Connector H1-C set to 1
```

当考虑低位的进位后，实现 2 个 1 位二进制数的加法运算的逻辑电路称为**全加器**，逻辑电路图如图 7-8(a)所示，由两个半加器和一个或门构成。图 7-8(b)为全加器符号。基于前面实现的半加器类，按照图 7-8 的连接关系，定义全加器类的代码如下：

```
class FullAdder (LC) :
   def __init__ (self, name) :
       LC.__init__ (self, name)
       self.A    =Connector(self,'A',1,monitor=1)
       self.B    =Connector(self,'B',1,monitor=1)
       self.Cin  =Connector(self,'Cin',1,monitor=1)
       self.S    =Connector(self,'S',monitor=1)
```

```
        self.Cout=Connector(self,'Cout',monitor=1)
        self.H1=HalfAdder("H1")
        self.H2=HalfAdder("H2")
        self.O1=Or("O1")
        self.A.connect ([ self.H1.A ])
        self.B.connect ([ self.H1.B ])
        self.Cin.connect ([ self.H2.A ])
        self.H1.S.connect ([ self.H2.B ])
        self.H1.C.connect ([ self.O1.B])
        self.H2.C.connect ([ self.O1.A])
        self.H2.S.connect ([ self.S])
        self.O1.C.connect ([ self.Cout])
```

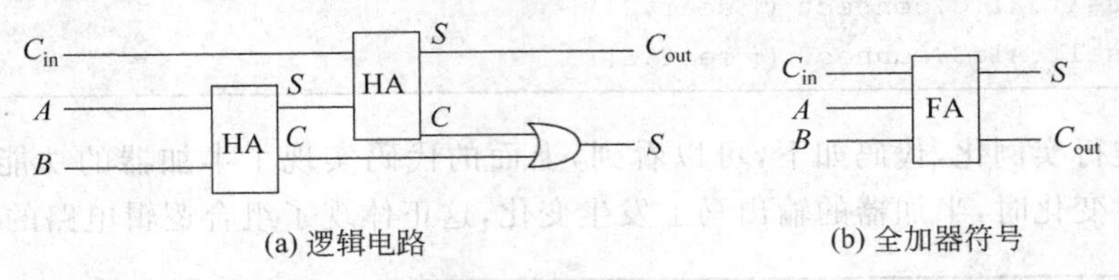

图 7-8　全加器电路

当将多个全加器级联后，就能实现多位二进制数的加法运算，例如，图 7-9 为 4 位二进制加法器的电路图。为模拟多位二进制加法器，用 0 和 1 的字符串来表示二进制数，设计一个辅助函数 bit 来根据字符“0” 或“1”返回数值 0 或 1。bit 函数及 4 位二进制加法器器 test4Bit 函数代码如下所示，此处 test4Bit 函数的两个参数是长度为 4 的 0、1 字符串，F0、F1、F2、F3 分别对应图中从上至下的 4 个全加器。运行 test4Bit 函数，查看输出结果，可以看出其实现了两个 4 位 2 二进制数的加法运算。

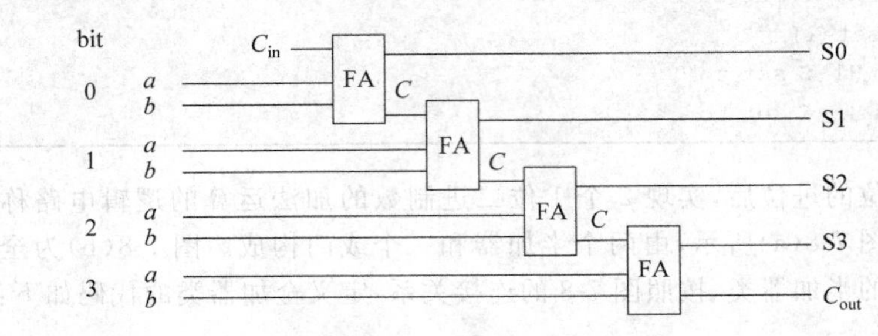

图 7-9　全加器电路

```
def bit (x, bit) :
    return x[bit]=='1'

def test4Bit (a, b) :
    F0=FullAdder ("F0")
```

```
F1=FullAdder ("F1"); F0.Cout.connect(F1.Cin)
F2=FullAdder ("F2"); F1.Cout.connect(F2.Cin)
F3=FullAdder ("F3"); F2.Cout.connect(F3.Cin)
F0.Cin.set(0)
F0.A.set(bit(a,3)); F0.B.set(bit(b,3))
F1.A.set(bit(a,2)); F1.B.set(bit(b,2))
F2.A.set(bit(a,1)); F2.B.set(bit(b,1))
F3.A.set(bit(a,0)); F3.B.set(bit(b,0))
print(F3.Cout.value * True, end=' ')
print(F3.S.value * True, end=' ')
print(F2.S.value * True, end=' ')
print(F1.S.value * True, end=' ')
print(F0.S.value * True, end=' ')
```

现代计算机 CPU 中的运算器主要完成算术运算和逻辑运算，逻辑运算一般利用各类逻辑门根据具体逻辑运算公式搭建电路实现，原理上恰如前面介绍的异或门等示例。而要实现算术运算，本质上仍是逻辑运算，如这里介绍的几种加法器，要实现减法、乘法、除法运算，原理上也是将其转化成逻辑运算，再搭建相应的逻辑电路。CPU 中的运算部件就是由各类这样的逻辑电路构成的。此外，从前面的示例看到，所有的电路都无法保存信息：输入有变化，马上在输出端做出反应，逻辑门不保存这种信号的变化，只是相当于电信号的传输通道。因此，这类电路又称为**组合逻辑电路**。

7.2.3 存储电路

逻辑门还可构建电路用于存储 0、1 信息，这种电路称为**触发器**(flip-flop)。触发器能存储信号，并将该信号作为输出值，在外部输入激励下，其保存的值能发生跳变(从 0 到 1 或从 1 到 0)，并在跳变后被保存在电路中，电路表现出记忆的能力，又称为**时序电路**。图 7-10 为常用的 R-S 触发器，由两个与非门互连而成，其中一个与非门的输入是另一个的输出。

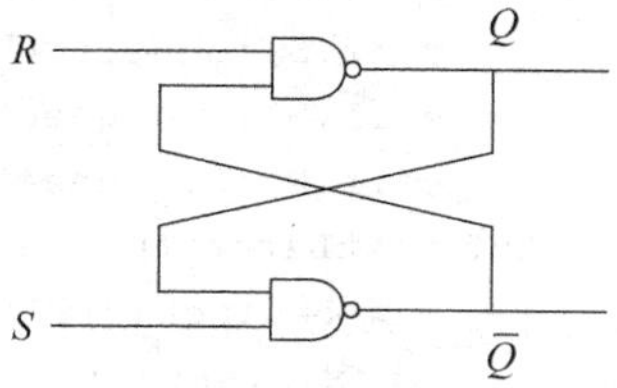

图 7-10 R-S 触发器

R-S 触发器的工作机制如下。

(1) 一开始处于稳态，即 R、S 的输入为 1。

① 假设当前输出 Q 为 1，可知输出 $\overline{Q}$ 为 0，最终导致输出 Q 总是为 1，称触发器**保存的值为 1**。

② 稳态时当输出 Q 为 0 时，可以推导出输出 Q 将一直保持为 0，称触发器**保存的值为 0**。

(2) 稳态时，如将 R 的值变为 0，则在上方与非门驱动下，Q 的值将被强制变为 1，此时 S 仍为 1，因此将使下方的与非门输出为 0，从而使上方与非门的输出总是为 1。即使 R 的输入又变回 1，输出 Q 也一直保持为 1 不变。

(3) 稳态时，如将 S 的值变为 0，则在上方与非门驱动下，将使 Q 的值变为 0，并且在

S 又变回 1 后，Q 的值还将保持为 0。

由其工作原理可知，R-S 触发器记住的是最近一次哪个输入从 1 变成了 0，然后又变回来了——R 发生变化 Q 就为 1，S 发生变化 Q 就为 0。需要注意的是 R 和 S 不能同时被设为 0。

要模拟 R-S 触发器的行为，需要用到与非门，定义与非门类的程序如下，与非门也是 2 输入逻辑门，因此派生于 Gate2 类：

```
class Nand (Gate2) :
   def __init__ (self, name) :
      Gate2.__init__ (self, name)
   def evaluate (self) :
      self.C.set(not(self.A.value and self.B.value))
```

然后根据图 7-10 的连接关系，利用与非门定义 R-S 触发器，代码如下。对 R-S 触发器，只关心输出连线 Q 上的值，对 $\bar{Q}$ 的值不关心(因为其值总为 Q 的非)。testLatch 方法允许在 R-S 触发器工作时选择输入连线 R 或 S 进行控制，将所选输入连线值临时变为 0，然后马上又变为 1 并保持，以模拟 R-S 触发器的行为。

```
class Latch (LC) :
    def __init__ (self, name) :
        LC.__init__ (self, name)
    self.R=Connector(self,'R',1)
    self.S=Connector(self,'S',1)
    self.Q=Connector(self,'Q',monitor=1)
    self.N1=Nand ("N1")
    self.N2=Nand ("N2")
    self.R.connect ([self.N1.R])
    self.S.connect ([self.N2.S])
    self.N1.C.connect ([self.N2.R, self.Q])
    self.N2.C.connect ([self.N1.S])
def testLatch () :
        x=Latch("ff1")
        x.R.set(1)
        x.S.set(1)
        while 1 :
            ans=input("InputR or S to drop:")
            if ans=="" :
                break
            if ans=='R' :
                x.R.set(0)
                x.R.set(1)
            if ans=='S' :
                x.S.set(0)
                x.S.set(1)
```

运行上面的程序，观察输出。可以看到触发器开始时进入稳态，Q的值为1。在提示"Input **R** or **S** to drop:"时，先让R发生跳变，根据前面的分析，Q将变为1，而此时Q值已经为1了，所以不发生变化。再让S发生跳变，最近一次跳变是S端，根据前面的分析，Q马上变为0。同理可测试其他的跳变组合考察R-S触发器的行为。

CPU中利用各种**寄存器**来保存运算的结果、临时数据等，原理上就是利用了时序电路的记忆能力。可以看到，一个R-S触发器可以"记忆"1位二进制信号，当将多个，例如8个R-S触发器组合起来，就能记住8个二进制信号，即一个字节的数据。

7.3 计算机硬件系统

现代计算机的核心是CPU，这是执行指令的地方，通过执行指令，控制各类硬件协同完成任务。CPU一般由算术逻辑运算器(Arithmetic and Logic Unit，ALU)、控制单元(Control Unit，CU)和寄存器组构成，由CPU内部总线将这些构成连接为有机整体，如图7-11所示。

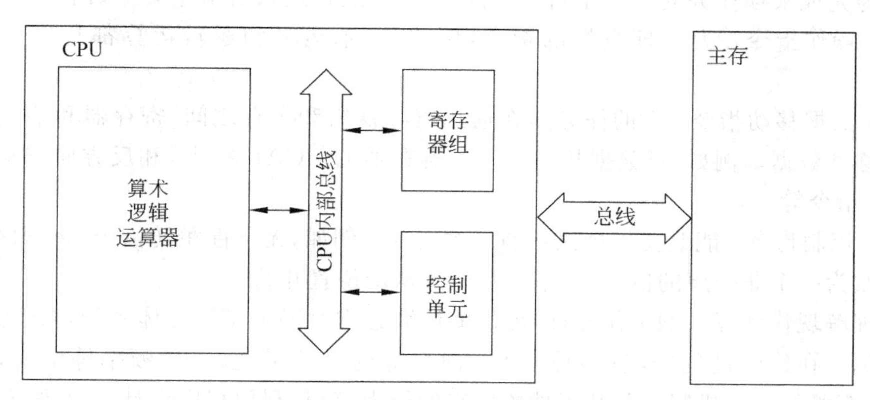

图7-11 CPU的内部结构

(1) 控制单元的主要功能包括指令的分析、指令及操作数的传送、产生控制和协调整个CPU工作所需的时序逻辑等。一般由指令寄存器(Instruction Register，IR)、指令译码器(Instruction Decoder，ID)和操作控制器(Operation Controller，OC)等部件组成。CPU工作时，根据**程序计数器**保存的主存地址，操作控制器从主存取出要执行的指令，存放在指令寄存器IR中，经过译码，提取出指令的操作码、操作数等信息，操作码将被译码成一系列控制码，用于控制CPU进行ALU运算、传输数据等操作，通过操作控制器，按确定的时序，向相应的部件发出微操作控制信号，协调CPU其他部件的动作。操作数将被送到ALU进行相对应的操作，得出的结果在控制单元的控制下保存到相应的寄存器中。

(2) ALU的主要功能是实现数据的算术运算和逻辑运算。ALU接收参与运算的操作数，并接收控制单元输出的控制码，在控制码的指导下，执行相应的运算。ALU的输出是运算的结果，一般会暂存在寄存器组中。此外，还会根据运算结果输出一些条件码到状态寄存器，用于标识一些特殊情况，如进位、溢出、除零等。

(3) 寄存器组由一组寄存器构成，分为通用和专用寄存器组，用于临时保存数据，如操作数、结果、指令、地址和机器状态等。通用寄存器组保存的数据可以是参加运算的操作数或运算的结果。专用寄存器组保存的数据用于表征计算机当前的工作状态，如程序计数器保存下一条要执行的指令，状态寄存器保存标识CPU当前状态的信息，如是否有进位、是否溢出等。通常，要对寄存器组中的寄存器进行编址，以标识访问哪个寄存器，编址一般从0开始，寄存器组中寄存器的数量是有限的。

第1章已经介绍过，指令是CPU执行的最小单位，由操作码和操作数两部分构成。操作码表示指令的功能，即执行什么动作，操作数表示操作的对象是什么，例如寄存器中保存的数据、立即数等。CPU的指令是由**指令集体系结构**(Instruction Set Architecture，ISA)规定的。每款CPU在设计时就规定了一系列与其硬件电路相配合的指令系统。ISA是与程序设计有关的计算机结构的一部分，定义了指令类型、操作种类、操作数数目、类型，以及指令格式等，可用CPU指令集的指令来编写程序。**程序**就是用于控制计算机行为完成某项任务的指令序列。在指令集中，通常定义的指令类型如下。

(1) 操作指令：为处理数据的指令，例如，算术运算和逻辑运算都是典型的操作指令。

(2) 数据移动指令：它的任务是在通用寄存器组和主存之间、寄存器和输入输出设备之间移动数据。例如，将数据从主存移入寄存器的LOAD指令，和反方向移动数据的STORE指令等。

(3) 控制指令：能改变指令执行顺序的指令。例如，无条件跳转指令，将程序计数器的值更改为一个非顺序的值，使得下一条指令从新位置开始。

为理解现代计算机的工作原理，可借助计算思维对冯·诺依曼体系结构机器进行建模和模拟。在建模过程中，忽略掉CPU、内存等的设计工艺、工作频率等细节，抽象出CPU、内存等的行为机制。并基于抽象出来的行为模型，利用程序设计语言进行描述，变成计算机可理解的模型，在该抽象模型上自动化地执行指令和程序，以此来模拟其工作过程。

假设某机器(TOY)内存为1000个单元，地址范围为000～999，因此需3位来表示内存地址[①]，每个内存单元6位，可以保存数据和指令。这台机器的CPU内部有10个通用寄存器，编号为0～9，每个寄存器长度为6位。CPU中还有2个专用寄存器：pReg和iReg，pReg是程序计数器，iReg用于保存从内存读入的指令，称为指令寄存器。

表7-1是该CPU的指令集，指令长度为6位，从左至右，前2位为操作码，后4位为操作数，其中1位用来表示寄存器编号，3位用来表示内存地址。第1条指令操作码为00，表示停止执行程序。操作码为01～04的4条指令用来在寄存器和内存间传输数据，这些指令的第3位表示寄存器地址，最后3位表示内存地址。

---

① 注意这台机器的指令、地址和数据都用十进制表示，这是为了便于理解，原理上是一样的。如果想用二进制表示，直接将十进制转换成二进制即可。

表 7-1 某 CPU 的指令集

指 令	解 释
000000	停止程序的执行
01rmmm	从内存地址为 mmm 的单元取数据载入寄存器 r
02rmmm	将寄存器 r 的数据存入内存地址为 mmm 的单元
03rnnn	将数值 nnn 载入寄存器 r
04r00s	以寄存器 s 中保存的数值为内存地址，将该地址处数据载入寄存器 r
05r00s	将寄存器 s 的数据与寄存器 r 的数据**相加**，结果存入寄存器 r
06r00s	用寄存器 r 的值**减去**寄存器 s 的值，结果仍存入寄存器 r
07r00s	将寄存器 s 的数据与寄存器 r 的数据**相乘**，结果存入寄存器 r
08r00s	用寄存器 r 的值**除以**寄存器 s 的值，结果仍存入寄存器 r
100mmm	跳转到内存地址为 mmm 的单元处的指令开始执行
11rmmm	如果寄存器 r 的值为 0，则跳转到内存地址为 mmm 的单元处的指令开始执行

例如：

(1) 指令 016234 将内存地址 234 对应的单元的值载入到编号为 6 的寄存器，但 234 单元的数据不会被修改。

(2) 指令 023234 将编号为 3 的寄存器保存的值存入内存地址 234 对应的单元，3 号寄存器保存的数据不变。

(3) 指令 035123 将数值 123 存入 5 号寄存器。

(4) 操作码 04 的指令稍有些差别，假设 2 号寄存器保存的值是 546，那么指令 043002 将内存单元 546 的值载入 3 号寄存器。

操作码 05～08 的指令在寄存器保存的数据上进行加、减、乘、除运算，例如，指令 057008 将 8 号寄存器的值与 7 号寄存器的值相加，结果存入 7 号寄存器，而 8 号寄存器的值不会被修改。其他几条算术运算指令的操作模式与此类似。

操作码为 10～11 的 2 条指令是跳转指令，10 是无条件跳转指令，可用它们来构成循环和分支结构。例如，指令 100452 可将数值 452 载入程序计数器 pReg 寄存器，这样，内存单元 452 保存的指令就是下一条要执行的指令。指令 113764 表示在 3 号寄存器值为 0 时，将数值 764 载入指令计数器 pReg 寄存器。

CPU 的工作过程是自动地逐条执行指令的过程。指令的执行过程是在控制单元的控制下，精确地、一步一步地完成的。现代计算机 CPU 执行一条指令的过程通常可分为 4 步，经过这样一些步骤完成一条指令的执行所需的时间称为**指令周期**，其中的每一步称为一个**节拍**。

(1) 取指令：指令通常存储在主存中，CPU 通过程序计数器获得要执行的指令存储地址。根据这个地址，CPU 将指令从主存中读入，并保存在指令寄存器中，同时对程序计数器内容进行“增 1”操作，即指向下一个内存单元。

(2) 译码：由指令译码器对指令进行解码，分析出指令的操作码，所需操作数的存放位置等信息。

(3) 执行：将译码后的操作码分解成一组相关的控制信号序列，以完成指令动作，包括从寄存器读数据、输入到ALU进行算术或逻辑运算等。

(4) 写结果：将指令执行节拍产生的结果写回到寄存器，如果必要，将产生的条件反馈给控制单元。

在最后一个节拍完成后，控制单元复位指令周期，从取指令节拍重新开始运行，此时，程序计数器的内容已被自动修改，指向下一条指令所在的主存地址。操作指令和数据移动指令的执行不会主动修改程序计数器的值，程序计数器将会自动指向程序顺序上的下一条指令。而控制指令的执行将会主动改变程序计数器的值，使得程序的执行将不再是顺序的。

用TOY计算机指令集编写一个程序，如下所示，# 符号后面的是注释，是对程序每一行的解释，供人阅读，机器不会执行。程序每行最前面的3位十进制数表示指令在内存中的地址，如100，表示指令031012存于编号为100的内存单元。要执行该程序，首先将100载入pReg。其次在每个指令周期，从pReg保存的内存地址对应的内存单元取指令到iReg，同时自动将pReg值加1。最后执行iReg中的指令，完成后根据pReg的值开始下一个周期的执行。这个过程持续下去直到碰到00指令。

```
100   031012   #Load register one with the number 12
101   032013   #Load register two with the number 13
102   051002   #Add register two to register 1
103   000000   #Halt. The answer is in register 1
```

下面编写一个模拟器，为TOY计算机的CPU和内存建模，模拟CPU执行一条指令和自动执行一个程序的过程。通过输出必要的信息观察CPU的内部状态，以此来查看程序在TOY计算机上的执行情况，理解冯·诺伊曼体系结构计算机硬件系统的工作机制。

首先定义打印CPU内部状态信息的函数printMachineState，如下所示。第1条语句建模了TOY计算机的内存，为1000个存储单元，是List类型，用List的索引来建模内存地址。接下来的3条语句建模了CPU的内部存储，包括10个寄存器(也是List类型，可用List的索引来建模寄存器编号)、程序计数器pReg和指令寄存器iReg。

```
mem=[0]*1000
reg=[0]*10
pReg=0
iReg=0

def printMachineState():
    global pReg, iReg, reg, mem
```

```
    print('    The TOY Machine    ')
    print('P reg    '+str(pReg)+'    I reg '+str(iReg))
    print('\n\n')
    for i in range(0, 5):
        print('reg '+str(i)+'    '+str(reg[i])+
              '        reg '+str(i+5)+'    '+str(reg[i+5]))
```

模拟 TOY 计算机执行程序的函数为 run，代码如下所示。首先假设将 TOY 程序保存的硬盘文件中，以文件名为参数执行 run。因此，run 实现的功能非常直接：从文件读入程序到内存中；开始逐条执行指令直到碰到 00 指令。

从文件读入程序的任务由 loadProgram 函数完成。该函数首先根据文件名打开文件，然后利用 readline 逐行读入指令。对每一行指令（格式为“地址 指令 注释”），只关心前两个字段，即地址和指令。根据地址，将每条指令放入内存（mem）对应的单元中。同时，将第 1 条指令的地址存入 pReg，以便执行程序。

```
def loadProgram (file) :
    global pReg, iReg, reg, mem
    fil=open (file,"r")
    first=True
    while 1 :
        lin=fil.readline()
        if lin=="" : break
        if lin[0]<'0' : continue
        try :
            flds=lin.split()
            address=int(flds[0])
            instruc=int(flds[1])
            mem[address]=instruc
            if first:
                pReg=address
                first=False
        except : pass
    fil.close()

def run(fileName):
    global pReg, iReg, reg, mem
    printMachineState()
    loadProgram(fileName)
    printMachineState()

    while 1 :
        if not cycle():
            break
```

定义模拟 CPU 指令周期的函数 cycle，实现上完全按照指令周期的步骤进行。取指令(第 3～4 行)，译码(第 6～8 行)，根据操作码含义，完成执行和写结果(第 9～26 行)。注意 cycle 函数的返回值，如果碰到 00 指令，返回 0，导致 run 函数结束；如果是其他指令，返回 1，使 run 函数执行下一条指令。

```
def cycle () :
    global pReg, iReg, reg, mem
    iReg=mem[pReg]
    pReg=pReg+1

    opcode=(iReg//10000)
    r=(iReg//1000)%10
    addr=(iReg)%1000
    if opcode==0 :
        printMachineState()
        return 0
    elif opcode==1 : reg[r]=mem[addr]
    elif opcode==2 : mem[addr]=reg[r]
    elif opcode==3 : reg[r]=addr
    elif opcode==4 : reg[r]=mem[reg[addr]]
    elif opcode==5 : reg[r]=reg[r]+reg[addr]
    elif opcode==6 : reg[r]=reg[r]-reg[addr]
    elif opcode==7 : reg[r]=reg[r] * reg[addr]
    elif opcode==8 : reg[r]=reg[r]/reg[addr]
    elif opcode==10 :
        pReg=addr
    elif opcode==11 :
        if reg[r]==0 :
            pReg=addr
    printMachineState()
    return 1
```

将前述 TOY 程序保存在文件 prog1.mml 中，运行模拟器示例如下①。注意 pReg 在程序结束时变成了 104。1 号和 2 号寄存器的值发生了变化，分别变成了 25 和 13。

```
>>>run('prog1.mml')
The TOY Machine
P reg  104    I reg 0

reg 0  0      reg 5  0
reg 1  25     reg 6  0
reg 2  13     reg 7  0
reg 3  0      reg 8  0
reg 4  0      reg 9  0
```

① 省略了中间的输出，直接看最后的 CPU 状态。

7.4 小结

本章在理解计算机硬件系统构成原理和工作机制的基础上，利用 Python 语言的机制，对逻辑电路、CPU 进行了模拟。这些例子展示了计算思维核心思想——抽象与自动化。从这些例子中希望学到：如何为现实世界物理上的事物建模，如何在建模时抽象掉不关心的细节，如何将问题域的模型与计算思维和计算机问题求解域的模型建立关联。

习题

1. 运行本章给出的全加器和 R-S 触发器的程序，观察输出，理解其工作原理。

2. 请用本章定义的各种门，仿照本章所讲的方法，为 3-8 译码器和 4-2 多路选择器建模，并运行查看结果。

3. 什么是计算机软件？请列举计算机软件的分类及每一类的典型软件。

4. 请运行本章给出的 TOY 计算机的模拟程序，观察所有的运行输出，基于此，描述冯·诺依曼体系结构机器的典型构成及其工作机制。

5. 某科学家设计了一台冯·诺依曼体系结构的计算机，命名为 P88，该机器 CPU 的结构如图 7-12 所示。包括一个程序计数器 IP、指令寄存器 IR、条件标志寄存器 CF，以及计算数寄存器 AX。该机器的指令集及其含义如表 7-2 所示。

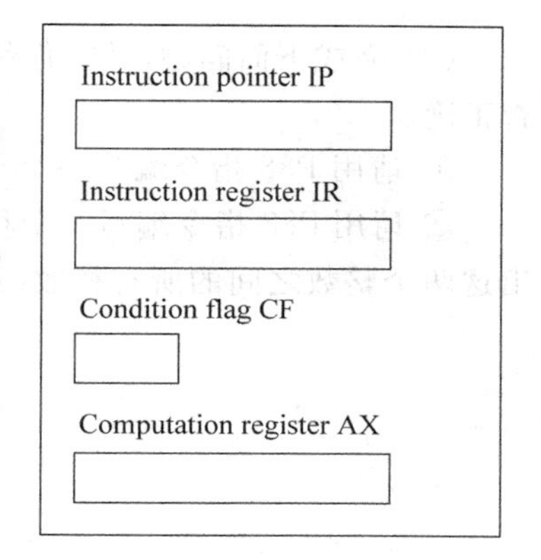

图 7-12 P88 机器的 CPU 的结构

表 7-2 指令集及含义

指令	格式	操作
从主存复制数据到 AX	COPY AX, mem	AX ←mem
将 AX 中的数据复制到主存	COPY mem, AX	mem ←AX
加法	ADD AX, mem	AX ←AX + mem
减法	SUB AX, mem	AX ←AX − mem
乘法	MUL AX, mem	AX ←AX * mem
除法	DIV AX, mem	AX ←AX ÷ mem
比较	CMP AX, mem	如果 AX<mem, CF=B 否则 CF=NB
跳转	JMP lab1	跳转到标号为 lab1 的指令
如果不低于则跳转	JNB lab1	如果 CF=NB，跳转到标号为 lab1 的指令
如果低于则跳转	JB lab1	如果 CF=B，跳转到标号为 lab1 的指令
输入	IN AX	向寄存器 AX 中输入一个整数
输出	OUT AX	将 AX 中的整数输出

请仿照本章所构建的模拟器，为所给的P88计算机构建一个指令模拟器，然后在你构建的指令模拟器上进行如下操作。

(1) 运行下面程序：

1)	2)
IN AX COPY A,AX IN AX COPY B,AX COPY AX,A DIV AX,B OUT AX	IN AX COPY M1,AX MUL AX,M1 OUT AX

(2) 完成下面问题，并在你编写的模拟器上运行用P88指令编写的程序，判断程序是否正确。

① 请用P88指令编写一个程序，输入两个整数，输出最大的那个。

② 请用P88指令编写一个程序，先输入一个整数，再输入一个比它大的整数，然后输出这两个整数之间的所有整数(不包括输入的整数)。

第8章 chapter 8

图灵机与图灵测试

艾伦·麦席森·图灵(Alan Mathison Turing,1912年6月23日—1954年6月7日),英国数学家、逻辑学家,被称为计算机之父、人工智能之父。图灵在可计算性理论、判定问题、人工智能等方面,取得了举世瞩目的成就,他的一些科学成果,构成了现代计算机技术的基础。其中非常著名的是“图灵机”和“图灵测试”。本章结合计算思维对此进行探讨。

8.1 图 灵 机

首先要注意,图灵机不是具体的机器,它是图灵于1936年提出的一种**抽象计算模型**,其更抽象的意义为一种数学逻辑机,可以看作等价于任何有限逻辑数学过程的终极强大的逻辑机器。

图灵的基本思想是用机器来模拟人们用纸笔进行数学运算的过程,他把这个过程看作由下列两种简单动作构成。

(1) 在纸上写上或擦除某个符号。

(2) 把注意力从纸的一个位置移动到另一个位置。

而在每个阶段,人要决定下一步的动作,依赖于:

(1) 此人当前所关注的纸上某个位置的符号。

(2) 此人当前思维的状态。

为了模拟人的这种运算过程,图灵构造出一台假想的机器,该机器结构如图8-1所示,由以下几个部分组成。

(1) 一条无限长的**纸带**(TAPE):纸带被划分为一个接一个的小格子,每个格子上包含一个来自有限字母表的符号,字母表中有一个特殊的符号□表示空白。纸带上的格子从左到右依次被编号为0,1,2,…,纸带的右端可以无限伸展。

(2) 一个**读写头**(HEAD):该读写头可以在纸带上左右移动,它能读出当前所指的格子上的符号,也能修改当前格子上的符号。

(3) 一套**控制规则**(TABLE):它根据当前机器所处的状态以及当前读写头所指的格子上的符号来确定读写头下一步的动作,并改变状态寄存器的值,令机器进入一个新的状态。

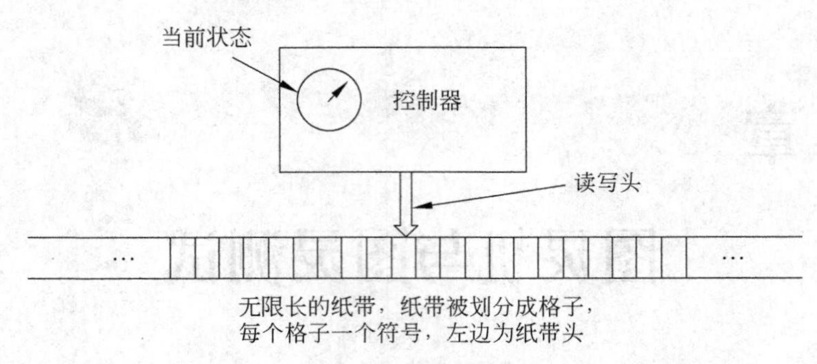

图 8-1 图灵机结构图

(4) 一个**状态寄存器**：它用来保存图灵机当前所处的状态。图灵机的所有可能状态的数目是有限的，并且有一个特殊的状态，称为**停机状态**。

注意：这个机器的每一部分都是有限的，但它有一个潜在的无限长的纸带，因此这种机器只是一个理想的设备。图灵认为这样的一台机器就能模拟人类所能进行的任何计算过程。

下面给出图灵机的正式定义，以便于后续介绍。

定义 8-1 一台图灵机是一个七元组 $(Q,\Sigma,\Gamma,\delta,q_0,q_{accept},q_{reject})$，其中 Q、Σ、Γ 都是有限集合，且满足：

(1) Q 是状态集合。

(2) Σ 是输入字母表，其中不包含特殊的空白符□。

(3) $b\in\Sigma$，称为空白符。

(4) Γ 是纸带字母表，其中□$\in\Gamma$ 且 $\Sigma\subset\Gamma$。

(5) δ: $Q\times\Gamma\rightarrow Q\times\Gamma\times\{L,R\}$ 是转移函数，其中 L 和 R 分别表示读写头向左移和向右移一格。

(6) $q_0\in Q$ 是初始状态。

(7) $q_{accept}\in Q$ 是接受状态(终止状态)，$q_{reject}\in Q$ 是拒绝状态，且 $q_{accept}\neq q_{reject}$。

图灵机 $M=(Q,\Sigma,\Gamma,\delta,q_0,q_{accept},q_{reject})$ 的工作方式如下。

开始的时候将输入符号串 $\omega=\omega_0\omega_1\cdots\omega_{n-1}$ 从左到右依次填在纸带的第 0、1、…、$n-1$ 号格子上，其他格子保持空白(即填以空白符□)。M 的读写头指向第 0 号格子，M 处于状态 q_0。机器开始运行后，按照转移函数 δ 所描述的规则进行计算。例如，若当前机器的状态为 q，读写头所指的格子中的符号为 x，设 $\delta(q,x)=(q',x',L)$，则机器进入新状态 q'，将读写头所指的格子中的符号改为 x'，然后将读写头向左移动一个格子。若在某一时刻，读写头所指的是第 0 号格子，而根据转移函数它下一步将继续向左移，这时它停在原地不动。即**读写头始终不超出纸带的左边界**。若在某个时刻 M 根据转移函数进入了状态 q_{accept}，则它立刻停机并接受输入的字符串；若在某个时刻 M 根据转移函数进入了状态 q_{reject}，则它立刻停机并拒绝输入的字符串。

注意：转移函数 δ 是一个部分函数，即对于某些 q、x，$\delta(q,x)$ 可能没有定义，如果在运行中遇到下一个操作没有定义的情况，机器将立刻停机。

例 8-1 是一个图灵机的例子。

例 8-1 设 M=({0,1,10,11},{0,1},{0,1,□},δ,0,,)和 δ:{0,1,10,11}×{0,1}→{0,1,10,11}×{0,1}×{R,L,E,S}。比如做一个以 1 的个数表示数值的加法运算,若在纸带上的数据是 0000001110110000,则表示 3+2 的意思。程序 δ 定义如下:

(0,0) → (0,0,R)
(0,1) → (1,1,R)
(1,0) → (10,1,R)
(1,1) → (1,1,R)
(10,0) → (11,0,L)
(10,1) → (10,1,R)
(11,0) →E
(11,1) →(0,0,S)

指令格式为(xx,y)→(aa,b,Z),其中 xx 表示当前状态,y 是读写头所对纸带格子内的符号,aa 是下一状态,b 表示将读写头当前所对纸带格子内符号改成 b,Z 取自 R、L、E、S 任一字母,R 表示读写头向右移动一格,L 表示读写头向左移动一格,E 表示错误,S 表示停机。第 1 条指令(0,0)→(0,0,R)表示在状态 0 时,如果读写头读当前纸带格子符号为 0,则将当前纸带格子内的符号改写成 0(即不修改当前格子内容),之后将读写头向右移动一格,状态仍保持为 0。

以"0000001110110000"为纸带上的内容,则该图灵机的运行过程如表 8-1 所示,表中加粗的字符表示图灵机读写头当前的位置。

表 8-1 图灵机执行程序的过程

步数	状态	纸 带 内 容	步数	状态	纸 带 内 容
1	0	**0**000001110110000	9	1	00000011**1**0110000
2	0	0**0**00001110110000	10	1	000000111**0**110000
3	0	00**0**0001110110000	11	10	0000001111**1**10000
4	0	000**0**001110110000	12	10	00000011111**1**0000
5	0	0000**0**01110110000	13	10	000000111111**0**000
6	0	00000**0**1110110000	14	11	00000011111**1**0000
7	0	000000**1**110110000	15	0	000000111110**0**000(停机)
8	1	0000001**1**10110000			

在理解图灵机构成及其工作原理的基础上,可借助计算思维来研究图灵机,即抽象出图灵机的组成部分(纸带、规则表、读写头、状态寄存器等)和工作原理,以组成部分之间的联系,根据其工作原理,通过各组成部分的动作及协作,来模拟图灵机的运行,以此来更好理解图灵机。

下面用 Python 程序实现一个图灵机,将图灵机和纸带都设计成类。纸带类(Tape)

代码如下：

```
blank_symbol=" "

class Tape(object):
    def __init__(self, input=""):
        self.__tape={}
        for i in range(len(input)):
            self.__tape[i]=input[i]

    def __str__(self):
        s=""
        min_used_index=min(self.__tape.keys())
        max_used_index=max(self.__tape.keys())
        for i in range(min_used_index,max_used_index):
            s+=self.__tape[i]
        return s

    def __getitem__(self,index):
        if index in self.__tape:
            return self.__tape[index]
        else:
            return blank_symbol

    def __setitem__(self, pos, char):
        self.__tape[pos]=char
```

Tape的核心是一个字典类型的变量(__tape)，用于表示纸带上的格子及格子内的字符，字典内的组织形式是"编号：符号"对，"编号"即为格子的编号，从0开始，"符号"表示编号对应的纸带格子内的符号。Tape类中定义的几个方法说明如下。

(1) __str__：重载了内置函数，当print一个Tape对象时自动调用该函数，实现的功能是从左至右依次打印纸带格子内容。

(2) __getitem__：根据index参数，即纸带格子编号，在__tape内找该编号对应的字符。如果编号不存在，返回空字符。

(3) __setitem__：根据pos参数，在__tape内添加一个"pos：char"对(如果pos原来不存在)，或(若pos存在)修改pos对应的字符为char。

图灵机类(TuringMachine)代码如下：

```
class TuringMachine(object):
    def __init__(self,
                 tape="",
                 blank_symbol=" ",
```

```
                 tape_alphabet=["0", "1"],
                 initial_state="",
                 final_states=[],
                 transition_function={}):
        self.__tape=Tape(tape)
        self.__head_position=0
        self.__blank_symbol=blank_symbol
        self.__current_state=initial_state
        self.__transition_function=transition_function
        self.__tape_alphabet=tape_alphabet
        self.__final_states=final_states

    def show_tape(self):
        print(self.__tape)

    def step(self):
        char_under_head=self.__tape[self.__head_position]
        x=(self.__current_state, char_under_head)
        if x in self.__transition_function:
            y=self.__transition_function[x]
            self.__tape[self.__head_position]=y[1]
            if y[2]=="R":
                self.__head_position+=1
            elif y[2]=="L":
                self.__head_position -=1
            self.__current_state=y[0]

    def final(self):
        if self.__current_state in self.__final_states:
            return True
        else:
            return False
```

对 TuringMachine 类属性和方法说明如下。

(1) 属性。

① __tape：Tape 类型的对象，表示图灵机的纸带。

② __head_position：图灵机读写头当前所对应的纸带格子编号，初始为 0。

③ __blank_symbol：用什么符号表示图灵机的□符号，此处用空格表示。

④ __current_state：表示图灵机的当前状态。

⑤ __transition_function：以字典组织的转移函数，每个元素的格式是形如"(xx,y)：(aa,b,Z)"的键-值对。其中 xx 表示当前状态，y 是读写头所对纸带格子内的符号，aa 是下一状态，b 表示将读写头当前所对纸带格子内符号改成 b，Z 为 L、R 或 N，N 表示不移

动。例如,("init","0"):("init","1","R")表示当前状态为 init,读写头对应格子内字符为 0 时,下一状态变为 init,同时将读写头对应格子内的符号改写为 1,同时纸带向右移动一格。

⑥ __tape_alphabet:一个列表,列出纸带上允许出现的所有符号(除空格符号外)。

⑦ __final_states:一个列表,指明哪些状态是停机状态。

(2) step 方法:非常直接地实现了图灵机的工作原理,即:

① 读当前纸带格子的符号。

② 根据(当前状态,读入的符号),在转移函数中查找对应的操作。

③ 根据返回的结果,执行相应的动作,如是否修改当前纸带格子内容、下一状态是什么、向左移(纸带编号减 1)还是向右移(纸带编号加 1),等等。

(3) final 方法:用于判断当前状态是否为停机状态。

以一个计算二进制串互补串的图灵机为例,说明设计的图灵机如何使用、如何编程的。所谓二进制串的互补串,指的是将该二进制串按位取反得到的新串,例如"1100111"的互补串是"0011000"。该图灵机定义如下。

(1) $\Sigma=\{0, 1\}$。

(2) $Q=\{\text{init}, \text{final}\}$。

(3) $q_0=\text{init}$。

(4) $q_{\text{accept}}=\text{final}$。

(5) $\delta=\{(\text{init},0)\rightarrow(\text{init}, 1, R), (\text{init},1)\rightarrow(\text{init}, 0, R), (\text{init},\square)\rightarrow(\text{final}, \square, N)\}$

利用 TuringMachine 类对该图灵机及其纸带输入建模的 Python 代码如下:

```
initial_state="init"
transition_function={("init","0"):("init","1", "R"),
                     ("init","1"):("init","0", "R"),
                     ("init"," "):("final"," ", "N"),
                     }
final_states=["final"]
t=TuringMachine("010011 ",
                initial_state="init",
                final_states=final_states,
                transition_function=transition_function)
print "Input on Tape:"
t.show_tape()
while not t.final():
    t.step()
print "Result of Turing machine calculation:"
t.show_tape()
```

运行结果为

```
Input on Tape:
010011
Result of Turing machine calculation:
101100
```

8.2　图灵测试

图灵测试指的是测试人(Player A)在与被测试者(一个人,即 Player B 以及一台机器,即 Player C)隔开的情况下,通过一些装置(如键盘)向被测试者随意提问(见图 8-2);在问过一些问题后,如果测试人不能确认被测试者 30%的答复哪个是人、哪个是机器的回答,那么这台机器就通过了测试,并被认为具有人类智能。

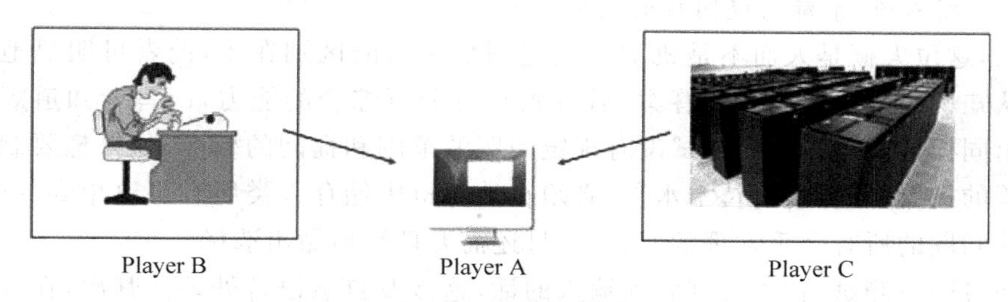

图 8-2　图灵机测试

图灵采用问与答模式,即观察者通过控制打字机向两个测试对象通话,其中一个是人,另一个是机器。要求观察者不断提出各种问题,从而辨别回答者是人还是机器。图灵还为这项测试亲自拟定了几个示范性问题,例如:

问:请给我写出有关"第四号桥"主题的十四行诗。

答:不要问我这道题,我从来不会写诗。

问:34 957 加 70 764 等于多少?

答:(停 30s 后)105 721。

问:你会下国际象棋吗?

答:是的。

问:我在我的 K1 处有棋子 K;你仅在 K6 处有棋子 K,在 R1 处有棋子 R。轮到你走,你应该下哪步棋?

答:(停 15s 钟后)棋子 R 走到 R8 处,将军!

图灵指出:如果机器在某些现实的条件下,能够非常好地模仿人回答问题,以至提问者在相当长时间里误认它不是机器,那么机器就可以被认为是能够思维的。

从表面上看,要使机器回答按一定范围提出的问题似乎没有什么困难,可以通过编制特殊的程序来实现。然而,如果提问者并不遵循常规标准,编制回答的程序是极其困难的事情。例如，提问与回答呈现出下列状况：

问：你会下国际象棋吗？

答：是的。

问：你会下国际象棋吗？

答：是的。

问：请再次回答，你会下国际象棋吗？

答：是的。

你多半会想到，面前的这位是一部笨机器。如果提问与回答呈现出另一种状态：

问：你会下国际象棋吗？

答：是的。

问：你会下国际象棋吗？

答：是的，我不是已经说过了吗？

问：请再次回答，你会下国际象棋吗？

答：你烦不烦，干嘛老提同样的问题。

那么，这位大概是人而不是机器。上述两种对话的区别在于，前者可明显地感到回答者是从知识库里提取简单的答案，后者则具有分析综合的能力，回答者知道观察者在反复提出同样的问题。图灵测试没有规定问题的范围和提问的标准，如果想要制造出能通过试验的机器，以目前的技术水平，必须在计算机中储存人类所有可以想到的问题，储存对这些问题的所有合乎常理的回答，并且还需要理智地做出选择。

要通过图灵测试，首先要理解人输入的话，这涉及自然语言处理。其次，在理解问题的基础上能给出贴近于人类的回答。从前面章节的学习可知，计算机的智能是人类赋予的，人类通过编写程序，使得计算机能理解输入的问题；通过组织数据，使得计算机能在数据中根据理解的问题找到适合的答案。

本节设计一个简单的图灵测试程序，展现如何为计算机赋予简单的智能。该测试程序非常简单，仅根据对话人输入的语句中的关键字进行回应，而不涉及语句语义的理解。例如，对话人输入的语句中包含 cow、pig、horse 等关于家畜家禽的单词时，可以认为他(她)在谈论农场，可以进行相应的回答。例如，下面的对话，其中 C 表示参加图灵测试的计算机，H 表示人。可以看到，计算机在人输入的语句中找到了 cow 这个词，按照事先安排，输出了一句已经编好的话。

```
C: Please go on.
H: I have a cow.
C: Tell me more about your farm.
H: My farm?
C: Please go on.
H: I have a pig in my farm.
C: Why do you mention your farm?
…
```

8.2.1 正则表达式简介

在设计这个简单的图灵测试程序时，需要能在一句话中找到程序所关心的关键字。Python 的字符串类型对象带有 find、rfind 等方法，可以在一个字符串中搜索某个字符串是否出现。例如：

```
>>>"I have a cow".find("cow")
9
```

但是，用这种方式搜索关键字会带来问题，例如下面的例子，虽然这句话中包含 cow 这个字符串，但是这并不是所要寻找的单词 cow，本句中它是单词 scowling 的一部分。

```
>>>"The cat was scowling".find("cow")
13
```

此时可使用**正则表达式**（Regular Expression）来实现这种复杂的字符串的匹配。正则表达式使用单个字符串来描述、匹配一系列符合某个句法规则的字符串，由强大并且标准化的方法来处理字符串查找、替换，以及用复杂模式来解析文本。通常也称一个正则表达式为一个**模式**（pattern）。Python 内置了一个强大的正则表达式处理模块——re。结合图灵测试程序可能遇到的字符串匹配问题，介绍一些必要的正则表达式基础知识。

要在句子中匹配 cow 单词，而不是其他包含 cow 字符串的单词，利用正则表达式和 re 库，实现如下。第 1 行载入 re 模块，第 2 行利用 re. compile 函数将一个正则表达式编译成一个 re 对象。“r'\bcow\b'”是要学习的第一个正则表达式，其含义是“在字符串的任意位置匹配独立的 cow 单词”。cow 两端的“\b”表示在匹配时，字符串中两端有空格的 cow 才会被匹配上。正则表达式前的 r 是为了解决转义字符“\”的字符传染问题。在 Python 中，字符串中要表示“\”必须被转义，即用“\\”来表示“\”。当在字符串前添加上“r”后，即告诉 Python，字符串中没有任何字符需要转义，避免了出现多个“\”的问题，使得正则表达式简洁易读。如“'\t'”表示一个制表符，但字符串“r'\t'”表示一个字符“\”紧跟着一个字符“t”。

```
>>>import re
>>>cow=re.compile(r'\bcow\b')
>>>m=cow.search("I have a cow")
>>>print(m)
<_sre.SRE_Match object at 0x03480090>
>>>m.group()
'cow'
>>>n=cow.search("The cat was scowling")
>>>print(n)
None
```

上面代码第3行利用编译好的re对象cow,运用方法search在给定的字符串中匹配单词cow,并返回一个匹配对象m。第4行和第5行将m打印出来,可以看到,此时给定的字符串中包含cow单词,因此返回的匹配对象非空,可以用m的group方法查看匹配上的字符串,此处是cow。第8~10行对另外一个字符串进行匹配,虽然该字符串含有cow,当不是一个独立的cow单词,因此匹配不上,返回的匹配对象为None。

当要在句子中匹配任意的关于家畜家禽的单词时,可利用"|"字符描述这种**或**的含义,例如,"r'\bcow\b|\bpig\b|\bhorse\b'"表示匹配字符串中的cow、pig或horse单词,当匹配上一个时,则该单词后的待匹配的模式将被跳过而不再匹配。例如:

```
>>>animal=re.compile(r'\bcow\b|\bpig\b|\bhorse\b')
>>>m=animal.search("I have a pig")
>>>m.group()
'pig'
```

像"|"和"\b"这些符号在正则表达式中有特殊含义,称为**元字符**(meta-symbol)。后续还将介绍一些必要的元字符。

还可在一个正则表达式中匹配多个部分,例如,下面代码中的正则表达式将匹配完整的一句话,其中括号内的是可选的几个单词,每个括号匹配一个可选单词。新出现的符号为"^"和"$",前者表示从字符串的开始处匹配,后者表示匹配到字符串的结束处。第1行的正则表达式表示从字符串的开始匹配,直到字符串的结尾,其中有两个地方的单词是可选的,因此,共有6句话能匹配上该模式。第2~4行是一个匹配的示例,当匹配上后,由于该正则表达式的匹配由两部分构成,因此其group有2个。第5~12行展示了如何知道每部分是由哪些单词匹配上的。注意group的不同参数得到的不同结果,而groups函数返回的是一个元组,包含了所有匹配上的部分。

```
>>>adore=re.compile(r"^I (love|adore) my (cat|dog|ducks)$ ")
>>>m=adore.search("I love my ducks")
>>>print(m)
<_sre.SRE_Match object at 0x0346D728>
>>>m.groups()
('love', 'ducks')
>>>m.group(0)
'I love my ducks'
>>>m.group(1)
'love'
>>>m.group(2)
'ducks'
```

对整个句子的匹配也可从中间开始,例如下面的代码。第1行代码中的正则表达式表示将在字符串的任意位置开始匹配以"I need"开始的任意句子,其中符号"."表示匹配任意的字符,“*”表示匹配0个或更多个任意字符。第2行和第3行展示了这个正则表达式的匹配示例。

```
>>>x=re.compile(r'I need (.*)')
>>>x.search("I have a cow. I need a pig").groups()
('a pig',)
```

至此,学习了一些正则表达式的基础知识,以及如何用Python进行正则表达式的处理,小结如下。

(1) Python提供了re库进行正则表达式的处理。

(2) ^匹配字符串开始位置。

(3) $匹配字符串结束位置。

(4) \b匹配一个单词边界。

(5) (a|b|c)匹配单独的任意一个a或者b或者c。

(6) “.”表示匹配任意字符。

(7) x* 表示匹配0个或多个x代表的字符。

8.2.2 简单图灵测试程序

对图灵测试程序,首先设计模式类Pattern,在该类中实现对句子中关键字的匹配,以及生成相应的回应。Python实现如下。其中:

(1) responses属性是预先定义好的回应。

(2) patterns属性是根据正则表达式wordspattern编译的re对象。

(3) resIndex用于轮流使用responses中的句子进行回应,初始值为0,每次匹配上后,以其为索引在responses中选一个回应,同时修改resIndex的值。

```
import re
class Pattern(object):
    def __init__(self, wordspattern, replys=[]):
        self.responses=replys
        self.patterns=re.compile(wordspattern)
        self.resIndex=0
    def __str__(self):
        return self.patterns
    def apply(self, s):
        if len(self.responses)==0:
            return None
        searchResult=self.patterns.search(s)
        if (searchResult !=None):
            resp=self.responses[self.resIndex][0]
            items=self.responses[self.resIndex][1]
            self.resIndex=(self.resIndex+1)%(len(self.responses))
```

```
        if self.patterns.groups<1:
            for index in range(0, items):
                adjusted=self.postAdjust(searchResult.group())
                resp=resp.replace('$ '+str(index+1), adjusted)
        else:
            groups=searchResult.groups()
            for index in range(0, items):
                adjusted=self.postAdjust(groups[index])
                resp=resp.replace('$ '+str(index+1), adjusted)
        return resp
    else:
        return None
```

预定义好的回应是一个列表,列表中每个元素为一个元组,元组的第1维为一个句子,第2维表示该句子中有几个需要替换的部分。首先看 Pattern 类的使用示例,如下所示。replys 是预先定义好的回应列表,第2行是第1个回应,0表示回应中没有需要被替换的部分。第4行是最后一个回应,1表示回应中有一个需要被替换的部分,即句子中的$1,称为**占位符**,该部分需用人输入的句子中被匹配上的部分进行替换,本例中是用匹配上的 cow、pig 或 horse 替换。

```
>>>replys=[
("Tell me more about your farm", 0),
("Why do you mention your farm?", 0),
("Tell me more about your $1", 1)
]
>>>p=Pattern(r'\bcow\b|\bpig\b|\bhorse\b', replys=replys)
>>>p.apply("I have a cow")
'Tell me more about your farm'
>>>p.apply("I have a cow")
'Why do you mention your farm? '
>>>p.apply("I have a cow")
'Tell me more about your cow'
```

apply 方法首先判断对话人输入的句子是否能匹配上正则表达式,如能,则根据匹配上的部分替换应答中的占位符,并将得到的结果句子返回。如不能或预定义的应答为空,则返回 None。

尝试另一个示例,将会发现另一个"不像人的回答"。示例如下:

```
>>>r=Pattern(r'(? <=I need ) (.*)',
            replys=[("Why do you need $1", 1)])
>>>r.apply("I need to take my pills")
'Why do you need to take my pills'
```

正确的回答应为“Why do you need to take **your** pills”。为了使应答更贴近人的回答，需要建立一个字典对象，对自然语言中的一些词汇进行转换，例如将 my 换成 your，等等。类似地，人输入的句子中有一些等价的词汇，如 I'll 和 I will 等，为了便于匹配的进行，需要在匹配之前进行预处理。因此，将 Pattern 类的代码改进如下，增加了两个字典属性 pre 和 post，分别用于上述的预处理和后处理。与这 2 个属性相对应，增加两个方法用于向这 2 个字典添加或修改内容。方法 preAdjust 对人输入的句子进行预处理，按照 pre 中的键-值对进行相应的替换。而 postAdjust 对匹配上的部分进行后处理，根据 post 中的键-值对进行相应的替换。

```
class Pattern(object):
    def __init__(self, wordspattern, pre, post, replys=[]):
        self.responses=replys
        self.patterns=re.compile(wordspattern)
        self.resIndex=0
        self.post=post
        self.pre=pre
    def __str__(self):
        return self.patterns
    def addResponse(self, s):
        self.responses.append(s)
    def addPre(self, prePattern):
        self.pre[prePattern[0]]=prePattern[1]
    def addPost(self, postPattern):
        self.post[postPattern[0]]=postPattern[1]
    def postAdjust(self, s):
        adjusted=''
        words=s.split()
        for index in range(0, len(words)):
            adjusted+=self.post.get(words[index], words[index])+' '
        return adjusted[:-1]
    def preAdjust(self, s):
            adjusted=''
            words=s.split()
            for index in range(0, len(words)):
                adjusted+=self.pre.get(words[index], words[index])+' '
            return adjusted[:-1]
    def apply(self, s):
        if len(self.responses)==0:
            return None
        s=self.preAdjust(s)
        searchResult=(self.patterns.search(s))
        if (searchResult !=None):
```

```
            resp=self.responses[self.resIndex][0]
            items=self.responses[self.resIndex][1]
            self.resIndex=(self.resIndex+1)%(len(self.responses))
            if self.patterns.groups<1:
                for index in range(0, items):
                    adjusted=self.postAdjust(searchResult.group())
                    resp=resp.replace('$'+str(index+1), adjusted)
            else:
                groups=searchResult.groups()
                for index in range(0, items):
                    adjusted=self.postAdjust(groups[index])
                    resp=resp.replace('$'+str(index+1), adjusted)
            return resp
        else:
            return None
```

运行改进后的 Pattern 代码,可以看到回应更贴近人的说话方式:

```
>>>post={'you':'I', 'i':'you','I':'you','am':'are',
            'are':'am', 'myself':'yourself',
            'yourself':'myself','my':'your',
            'your':'my', 'we':'you'}
>>>pre={"I'm":"I am", "you're":"you are",
         "won't":"will not", "can't":"can not",
         "don't":"do not", "I'll":"I will"}
>>>r=Pattern(r'(? <=I need )(.*)', pre=pre,
             post=post, replys=[("Why do you need $1", 1)])
>>>r.apply("I need to take my pills")
'Why do you need to take your pills'
```

最后,设计 TuringTest 类,代码如下。在 TuringTest 类中,集成了很多 Pattern 对象,用列表进行组织。类中最关键的方法是 run,该方法根据对话人输入的句子,用列表中的 Pattern 对象逐个进行匹配,谁匹配上,就调用该 Pattern 对象的 apply 进行回应。当然这种方法存在很多问题,还有很大的改进余地。

```
class TuringTest(object):
    def __init__(self, patterns=[]):
        self.patterns=patterns
    def addPattern(self, pattern):
        self.patterns.append(pattern)
    def run(self):
```

```
        print('Please go on')
        while True:
            user=input()
            if user.lower()=='quit':
                return
            else:
                hasResp=False
                for pattern in self.patterns:
                    resp=pattern.apply(user)
                    if resp !=None:
                        print(resp)
                        hasResp=True
                        break
                if not(hasResp):
                    print('Please go on')
```

运行下面的代码可以进行图灵测试实验：

```
replys=[("Tell me more about your farm", 0),
         ("Why do you mention your farm?", 0),
         ("Tell me more about your $1", 1)]
post={'you':'I', 'i':'you', 'I':'you','am':'are', 'are':'am',
       'myself':'yourself', 'yourself':'myself','my':'your',
       'your':'my', 'we':'you'}
pre={"I'm":"I am", "you're":"you are", "won't":"will not",
     "can't":"can not", "don't":"do not", "I'll":"I will"}
p=Pattern(r'\bcow\b|\bpig\b|\bhorse\b',  pre=pre,
          post=post, replys=replys)

r=Pattern(r'(? <=I need )(.*)', pre=pre, post=post,
          replys=[("Why do you need $1", 1)])

x=Pattern(r"^I (love|adore) my (cat|dog|ducks)$",  pre=pre,
          post=post, replys=[("You $1 your $2?", 2)])

tt=TuringTest()
tt.addPattern(p)
tt.addPattern(x)
tt.addPattern(r)
tt.run()
```

至此，一个很简单的图灵测试程序就完成了。可以看到，所谓计算机的回应，其实是人事先编制好的。为了让程序通过图灵测试，还需要集成更多的技术，如自然语言处理技术，能根据人输入的句子进行语法分析和语义分析，理解输入句子的真实含义。又例如人工智能技术，能根据输入句子的含义进行推理，使得回答更像人的应答。再例如预先定义的知识，程序要在理解人输入的句子基础上进行推理，以及选择合适的知识进行回答——专业知识还是大众化的知识，等等。当然，所有提及的技术都是很难的，这也是目前计算机科学面临的挑战。

8.3 小 结

本章在介绍图灵机和图灵测试的基础上，利用计算思维对图灵机进行抽象与建模，并结合计算机的能力，可以实现图灵机模型的自动化运行和可编程的图灵机。在图灵测试中，介绍了利用正则表达式进行模式匹配的技术。通过本章的学习，需掌握和理解图灵机与图灵测试的内涵，以及利用计算思维研究计算机科学自身问题的技术。

习 题

1. 请比较图灵机工作过程与人做计算过程，说说两者的联系和区别。

2. 请从图灵机产生的过程，谈谈你对计算思维中抽象的理解。

3. 什么是图灵测试？有哪些应用场景？请尝试思考更多的图灵测试应用场景。

4. 运行本章实现的图灵测试程序，根据输入和对应的应答，说说对图灵测试的认识。

5. 图 8-3 为某图灵机的状态变迁图，纸带上允许出现的符号集合为{0，1，A，X，#}。状态变迁图上每个状态标识图灵机的读写头的运动方式：向右(R)、向左(L)、停机(H)，状态变迁上的标记表示将当前格子上冒号前的符号擦除，并写入冒号后的符号。例如，观察从左下角 R 到右下角 L 的一次变迁：当在 R 状态时，先将读写头向右移动一格，如果格子中为符号 A，则将 A 擦除，写入 X，状态变为右下角 L 状态，即在每一个状态时，先根据移动读写头，再进行擦除/写入操作。已知该图灵机开始运行时所处的状态为左下角的 R 状态。

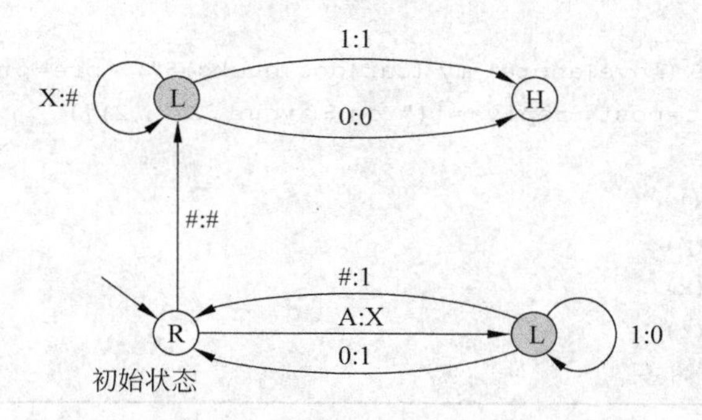

图 8-3 图灵机的状态变迁图

(1) 假设纸带当前内容如下，读写头目前所对的格子为灰色。请画出从此处开始，直到该图灵机停机，纸带的变化过程。并将每一步读写头所对的格子变灰。

…	#	#	#	#	A	A	A	A	#	…

以下是前3步的示例：

…	#	#	#	#	A	A	A	A	#	…
…	#	#	#	#	X	A	A	A	#	…
…	#	#	#	1	X	A	A	A	#	…

(2) 请分析并说明该图灵机的功能。

(3) 在Python实现的图灵机上建模该图灵机并运行。

6. 请仿照讲义，为所给的图灵测试实现添加一个匹配规则和相应的应答，并测试你的实现。

第三部分
应 用 篇

本部分在理解计算机基础知识的基础上，进一步展示计算思维如何应用于社会生活的各领域，在这些领域中帮助人们解决问题的常用方法。这些领域涵盖了竞技体育、人类行为、医学、物理学、数学等，向读者展示了用计算的方法来研究各类问题，借助计算机的能力可以得到非常逼近理论解的结果。通过本章的学习，应能：

(1) 描述模拟的概念，列出概率与统计的基础概念、术语及其含义。

(2) 描述蒙特卡洛模拟方法基础知识，会用蒙特卡洛方法解决一些问题。

(3) 列出数据分析的基本概念，能根据具体领域的规则，利用数据分析进行预测。

(4) 描述排队问题的基本概念，会利用计算思维和排队论知识分析人类行为。

第9章 chapter 9

模拟、概率与统计

按下杠杆的一端，另一端上升；扔一个球在空中，它将按一个抛物线轨迹下落；$\boldsymbol{F}=m\boldsymbol{a}$，等等，总之，任何事情的发生都是有原因的。物质世界是一个完全可预测的——所有物理系统的未来状态可以来源于对其当前状态的认识。量子力学中哥本哈根学说认为在最基本的层次上，物理世界的行为是无法预测的。但其他杰出的物理学家，如爱因斯坦和薛定谔，对此强烈不赞同。问题的本质是**因果不确定性**是否成立，因果不确定性的含义是：不是每个事件都是由先前的事件引起的。爱因斯坦和薛定谔发现这个观点在哲学上是不可接受的，他们可以接受的是**预测非确定性**——因为无法对物质世界做出准确的测量，使得不可能对未来状态做出精确预测。非确定性问题仍未有定论，但是，不能预测的原因是因为确实无法预测还是因为信息不够而无法预测，都是没有现实重要性的。物理学家们讨论的是如何理解微观世界，但是宏观世界也同样存在不确定性，如赛马的结果、赌博轮盘的旋转、股票市场的投资等，虽然看起来具有因果决定性，但是大量的证据显示，把这些当作预测确定性是非常危险的。

9.1 随机与概率

前面的讨论关注的是如何用计算的方法解决确定性问题，但仅有这种方法显然不足以涵盖现实世界的某些问题。现实世界中有很多情况只能用**随机过程**来精确描述，随机过程指的是过程的下一个状态取决于之前的状态和一些随机因素。

下面的代码**模拟**了抛硬币的行为，以及抛硬币过程中对正面与反面出现次数的统计。模拟指的是不需要请人真正地抛硬币，而是用计算机程序模仿抛硬币的行为。flip函数模拟了抛 numFlips 次硬币，并且返回出现正面次数的占比。对每一次模拟抛硬币，random. random()函数返回一个 0.0～1.0 之间的浮点数，如果返回的数小于 0.5，就认为出现了正面；如果返回的数大于等于 0.5，则认为出现了反面。flipSim 函数调用 flip 函数做了 numTrials 次实验，每次抛 numFlipsPerTrial 次硬币，最后汇总结果。

```
import random
def flip(numFlips):
    heads=0.0
```

```
    for i in range(numFlips):
        if random.random()<0.5:
            heads+=1
    return heads/numFlips
def flipSim(numFlipsPerTrial, numTrials):
    fracHeads=[]
    for i in range(numTrials):
        fracHeads.append(flip(numFlipsPerTrial))
    mean=sum(fracHeads)/len(fracHeads)
    return mean
```

运行上面的代码，得到的结果示例如下：

```
>>>flipSim(1000,1000)
0.5005360000000006
```

从这个结果能得出什么结论？结果显示做1000次实验，每次抛1000次硬币，正面出现的占比为0.5005360000000006，则可以说明这是一枚**公平硬币**。根据这个结果，还能对抛硬币的结果进行预测，比如说下一次抛硬币出现正面和反面的可能性是一样的。

当然，现实世界中抛硬币的行为通常由人来完成。但是，像上面的运行示例一样，要做1000次抛硬币实验，每次实验要抛1000次硬币，对人来说将是一个负担非常大的活动。此处可以看到，利用计算思维，将抛硬币的动作抽象成产生随机数的动作，将正面抽象成介于[0.0,0.5)的随机数，反面抽象成介于[0.5,1.0)的随机数，然后利用计算机的能力，自动地进行大量抛硬币的实验，可以减轻人类的负担。这是计算思维的典型应用示例。

基于模拟得到的数据，可用**推论统计**(inferential statistics)估计这些数据的性质和规律。所谓推论统计，指的是根据样本数据去推断总体数量特征的方法。它是在对样本数据进行描述的基础上，对统计总体的未知数量特征做出以概率形式表述的推断。换句话说，是在一段有限的时间内，通过对一个随机过程的观察来进行推断的。统计推断的结果常用来决策下一步的行为。例如，对上面的例子，对大量模拟得到的数据，通过计算正面出现次数的占比统计，可以推导出公平硬币的结论，由此可预测下一次抛硬币出现正面和反面的可能性相同。

推论统计的依据是**大数定理**，大数定理是一个数学与统计学的概念，指的是在**独立**重复实验中，随着实验次数的增加，事件发生的频率趋于一个稳定值，这个稳定值就是真实概率。例如，抛硬币实验中，随着实验次数和抛硬币次数的增加，正面(或反面)出现的频率收敛于事件的概率(出现正面和反面的概率为0.5)。对大数定理需要注意以下几点。

(1) 大数定理并不意味着，如果偏离预期行为发生，这些偏差在将来可能会引起相反的偏差以进行弥补和平衡。但似乎太多人认为会如此，这种滥用的回归原则称为**赌徒谬论**。例如，赌大小游戏，不能由大数定理推断出这样的结论：即连续出现很多次大(或小)时，接下来连续出现小(或大)的概率会增大。

(2)“大”是一个相对的概念。例如,如果抛掷一个公平硬币 $10^{1\,000\,000}$ 次,应该会期望出现几个片段(实验数据的子集)连续出现正面,并且每个片段长度至少为 100 万次。如果只研究这些片段,不可避免地会得出硬币不是公平硬币的错误结论。事实上,如果一个大序列的每个子序列都是随机的,则很可能这个大序列本身并不是真正随机的。例如,在酷狗播放器的随机播放模式下,每隔一段时间不播放相同的歌曲,那么可以假设这并不是真正的随机的随机模式。

(3)对抛硬币例子来说,大数定理并不意味着随着抛硬币次数的增加,正面次数和反面次数之差的绝对值会减小,事实上,这个绝对值也可能会增加。真正减小的是该绝对值与抛硬币次数的比率。

可以用下面的 flipPlot 函数,将大数定理在抛硬币实验中的体现图形化表示出来。其中 random.seed(0)的作用是为了在每次运行时,让 random.random()产生同样的随机数序列。

```
def flipPlot(minExp, maxExp):
    ratios=[]
    diffs=[]
    xAxis=[]
    for exp in range(minExp, maxExp+1):
        xAxis.append(2**exp)
    for numFlips in xAxis:
        numHeads=0
        for n in range(numFlips):
            if random.random()<0.5:
                numHeads+=1
        numTails=numFlips-numHeads
        ratios.append(numHeads/float(numTails))
        diffs.append(abs(numHeads-numTails))
    pylab.rcParams['lines.markersize']=10
    pylab.title('Difference Between Heads and Tails')
    pylab.xlabel('Number of Flips')
    pylab.ylabel('Abs(#Heads-#Tails)')
    pylab.semilogx()
    pylab.semilogy()
    pylab.plot(xAxis, diffs, 'bo')
    pylab.figure()
    pylab.title('Heads/Tails Ratios')
    pylab.xlabel('Number of Flips')
    pylab.ylabel('Heads/Tails')
    pylab.semilogx()
    pylab.plot(xAxis, ratios, 'bo')
    pylab.show()

random.seed(0)
flipPlot(4, 20)
```

运行结果如图 9-1 和图 9-2 所示，图 9-2 说明正面次数与反面次数之差的绝对值与模拟次数的比率在减小并逐渐收敛到 1.0。而从图 9-1 看出，正面次数与反面次数之差的绝对值并没有减小，似乎随着模拟次数的增加在增大。是这样吗？

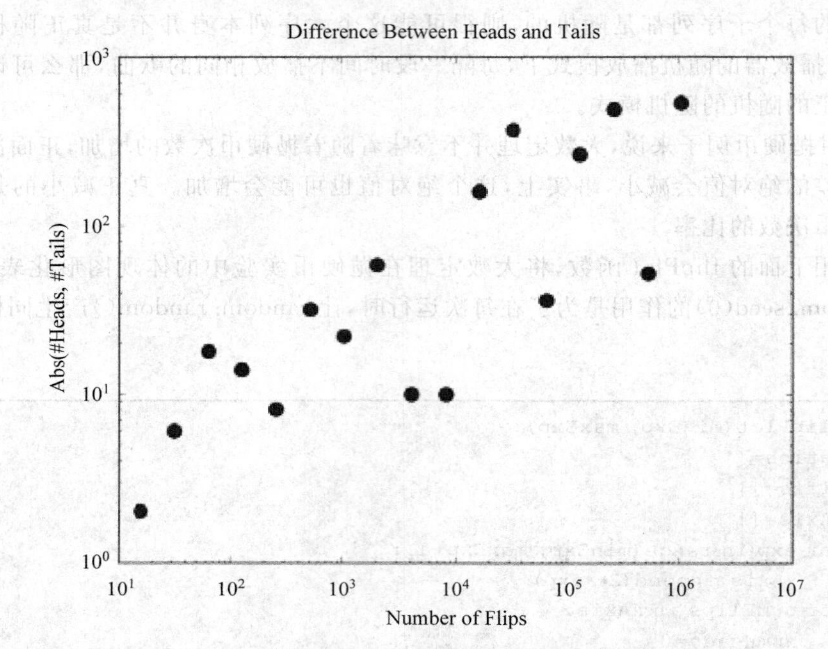

图 9-1 flipPlotr 的运行结果（正面次数与反面次数之差的绝对值）

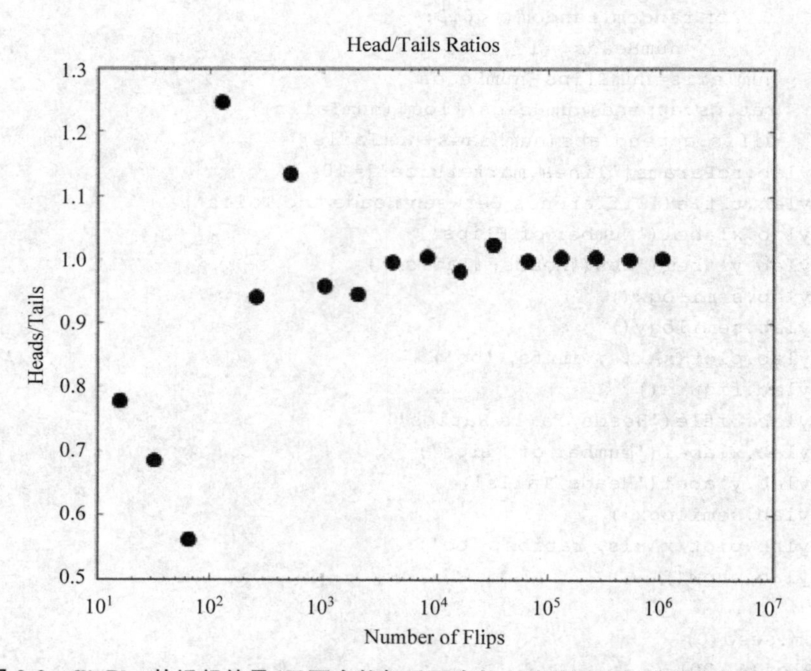

图 9-2 flipPlot 的运行结果（正面次数与反面次数之差绝对值与模拟次数的比率）

要进行多少次实验才能让基于实验结果的推论变得可信？这取决于分布的**方差**，简而言之，方差是用来衡量测度数据变异程度的最重要、最常用的指标。以**标准方差**(Standard Deviation)为例来度量抛硬币实验的数据，标准方差是各数据偏离平均数的距离的平均数，能反映一个数据集的离散程度。如果实验结果的许多值相对接近平均数，标准方差是相对小的。如果许多值相对远离平均数，标准方差将比较大。如果所有的值都是一样的，标准方差是零。一组数据 X 的标准方差 σ 的定义是：$\sigma(X)=\sqrt{\frac{1}{N}\sum_{i=1}^{N}(x_i-\mu)^2}$，其中，$N$ 是 X 中数据的个数，$\mu=\frac{1}{N}\sum_{i=1}^{N}x_i$ 是 X 数据的平均值。下面的代码实现了标准差的计算，参数 X 是一个列表，变量 mean 保存的是 X 的平均值。

```
def stdDev(X):
    mean=float(sum(X))/len(X)
    tot=0.0
    for x in X:
        tot+=(x-mean)**2
    return (tot/len(X))**0.5
```

标准方差的概念有助于思考观察到的样本数量与对算出的结果有多少信心之间的关系。对前面的 flipPlot 函数进行修改，在模拟抛硬币的同时，计算并绘制正面次数与反面次数之差的绝对值的平均数、正面/反面比率，以及这两个数据的标准方差，程序代码如下：

```
import pylab
import random
def makePlot(xVals, yVals, title, xLabel, yLabel, style,
             newFig=False, logX=False, logY=False):
    if newFig:
        pylab.figure()
    pylab.title(title)
    pylab.xlabel(xLabel)
    pylab.ylabel(yLabel)
    pylab.plot(xVals, yVals, style)
    if logX:
        pylab.semilogx()
    if logY:
        pylab.semilogy()
def runTrials(numFlips):
    numHeads=0
    for n in range(numFlips):
        if random.random()<0.5:
            numHeads+=1
```

```
    numTails=numFlips-numHeads
    return (numHeads, numTails)
def flipPlot (minExp, maxExp, numTrials):
    meanRatios, meanDiffs=[], []
    ratiosSDs, diffsSDs=[], []
    ratiosCVs, diffsCVs=[], []
    xAxis=[]
    for exp in range(minExp, maxExp+1):
        xAxis.append(2**exp)
    for numFlips in xAxis:
        ratios=[]
        diffs=[]
        for t in range(numTrials):
            numHeads, numTails=runTrials(numFlips)
            ratios.append(numHeads/float(numTails))
            diffs.append(abs(numHeads-numTails))
        meanRatios.append(sum(ratios)/float(numTrials))
        meanDiffs.append(sum(diffs)/float(numTrials))
        ratiosSDs.append(stdDev(ratios))
        diffsSDs.append(stdDev(diffs))
        ratiosCVs.append(CV(ratios))
        diffsCVs.append(CV(diffs))
    makePlot(xAxis, meanRatios, 'Mean Heads/Tail Ratios
            ('+str(numTrials)+' Trials)',
            'Number of Flips', 'Mean Heads/Tails', 'bo',
            logX=True)
    makePlot(xAxis, ratiosSDs, 'SD Heads/Tail Ratios
            ('+str(numTrials)+' Trials)',
            'Number of Flips', 'Standard Deviation', 'bo',
            newFig=True, logX=True, logY=True)
    makePlot(xAxis, meanDiffs, 'Mean abs(#Heads-#Tails)
            ('+str(numTrials)+' Trials)',
            'Number of Flips', 'Mean abs(#Heads-#Tails)', 'bo',
            newFig=True, logX=True, logY=True)
    makePlot(xAxis, diffsSDs, 'SD abs(#Heads-#Tails)
            ('+str(numTrials)+' Trials)',
            'Number of Flips', 'Standard Deviation', 'bo',
            newFig=True, logX=True, logY=True)
    pylab.show()

flipPlot (4, 20, 20)
```

图 9-3 和图 9-4 分别给出了实验数据中正反面次数比率的平均值和标准方差。从图 9-3 看出，正反面比率逐渐收敛到 1，它的标准方差随着抛硬币次数的增加以线性递

减,说明实验间的方差很小了,因此可以很有信心地说正反面比率已经很接近 1.0 了。即便再增加抛硬币的次数,也只是得到精度更高一点的结果,而不会改变比率的本质。更重要的是,可以很有信心地判断这已经很接近正确答案了。

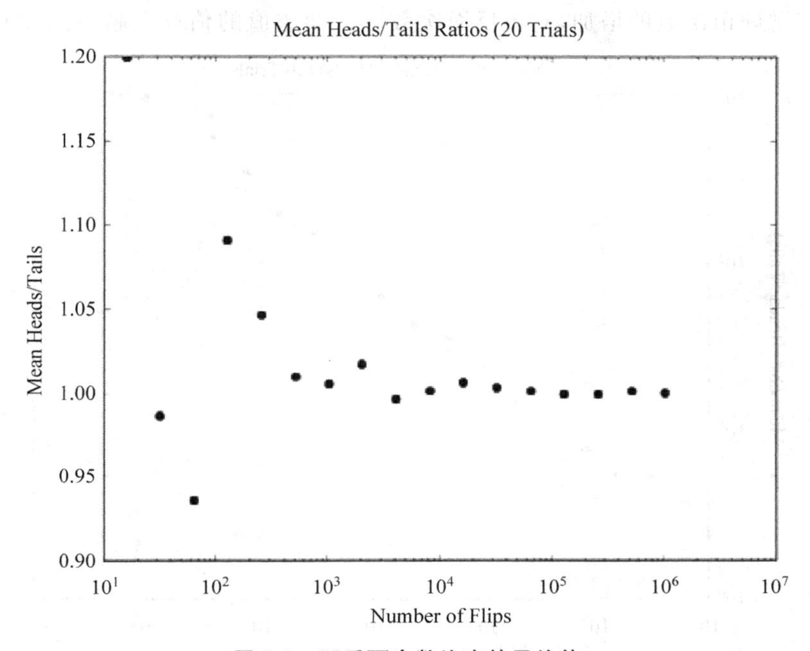

图 9-3 正反面次数比率的平均值

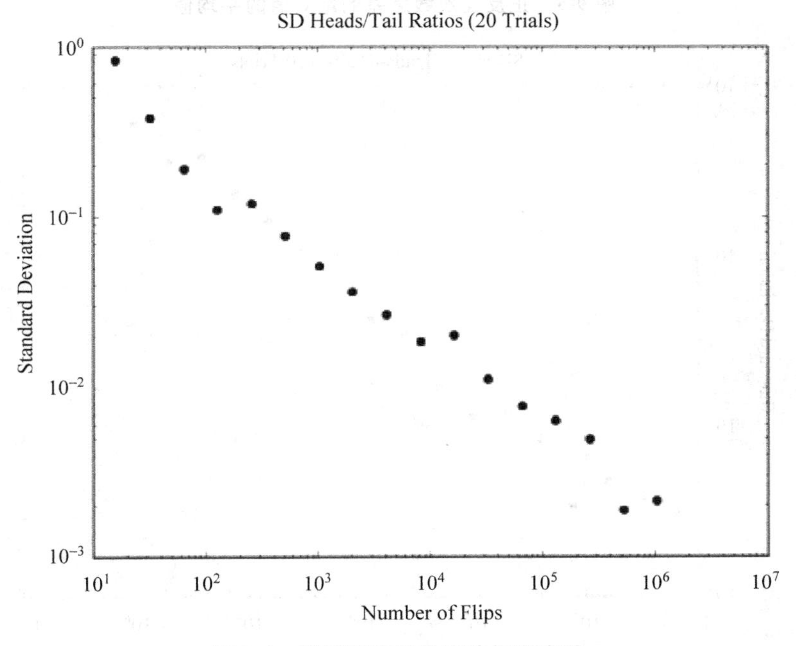

图 9-4 正反面次数比率的标准方差

图 9-5 和图 9-6 分别给出了实验数据中正反面次数之差绝对值的平均值和标准方差。从图 9-5 可以看到，正反面之差的绝对值随抛硬币次数的增加而增加，但是从图 9-6 的结果看，正反面次数之差的绝对值的标准方差也在随抛硬币次数的增加而增加。是否意味着随着抛硬币次数的增加，对正反面次数之差期望值的估算会越来越没有信心？不

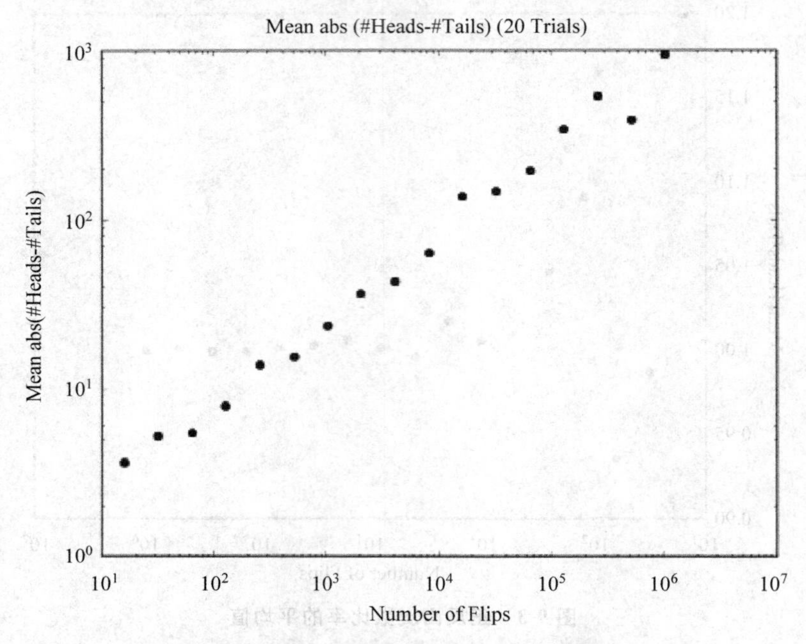

图 9-5　正反面次数之差的绝对值的平均值

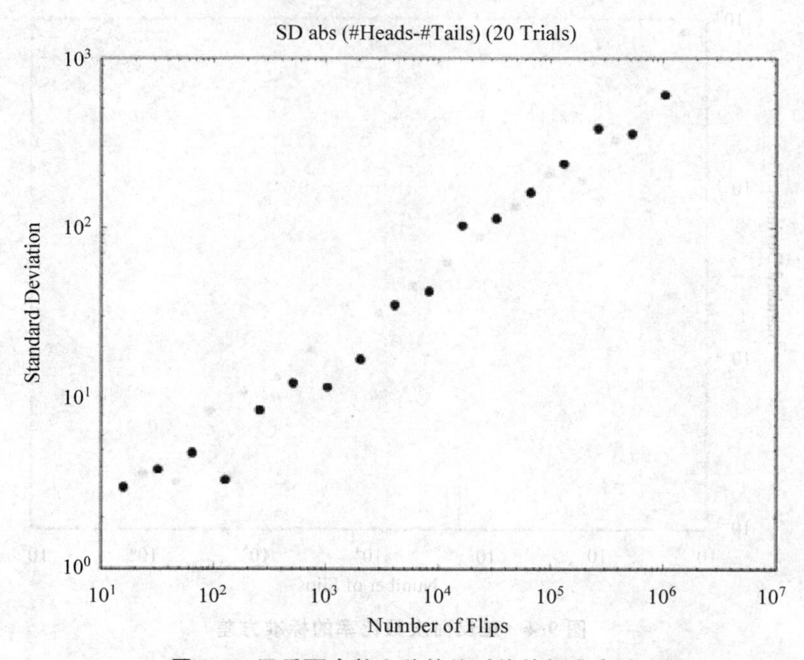

图 9-6　正反面次数之差的绝对值的标准方差

是这样的，标准方差的解读要放在平均值背景下，如果平均值是1亿，而标准方差是100，那么认为数据的分散度非常小。而如果平均值为100而标准方差也是100，则认为数据的分散度非常大。

此时，可以用**变异系数**来进行更好地度量，变异系数是标准方差除以平均值的结果。当数据具有非常易变的平均值时(如此处的正反面之差绝对值的平均值)，用变异系数比用标准方差提供的信息会更多。下面的函数实现了变异系数的计算。此处用到了Python的异常处理，将stdDev(X)/mean置于try语句块内，当出现除0算式时，返回一个异常。

```
def CV(X):
    mean=sum(X)/float(len(X))
    try:
        return stdDev(X)/mean
    except ZeroDivisionError:
        return float('Nan')
```

在前面flipPlot函数最后一行之前添加下面的代码，以绘制正反面次数之差的绝对值和正反面次数比率的变异系数图。

```
makePlot(xAxis, diffsCVs, 'Coeff. of Var. abs(#Heads-#Tails)
         ('+str(numTrials)+' Trials)',
         'Number of Flips', 'Coeff. of Var.', 'bo',
         newFig=True, logX=True)
makePlot(xAxis, ratiosCVs, 'Coeff. of Var. Heads/Tails Ratio
         ('+str(numTrials)+' Trials)',
         'Number of Flips', 'Coeff. of Var.', 'bo'
         newFig=True, logX=True)
```

图9-7和图9-8分别是正反面次数之差的绝对值的平均值的变异系数和正反面次数

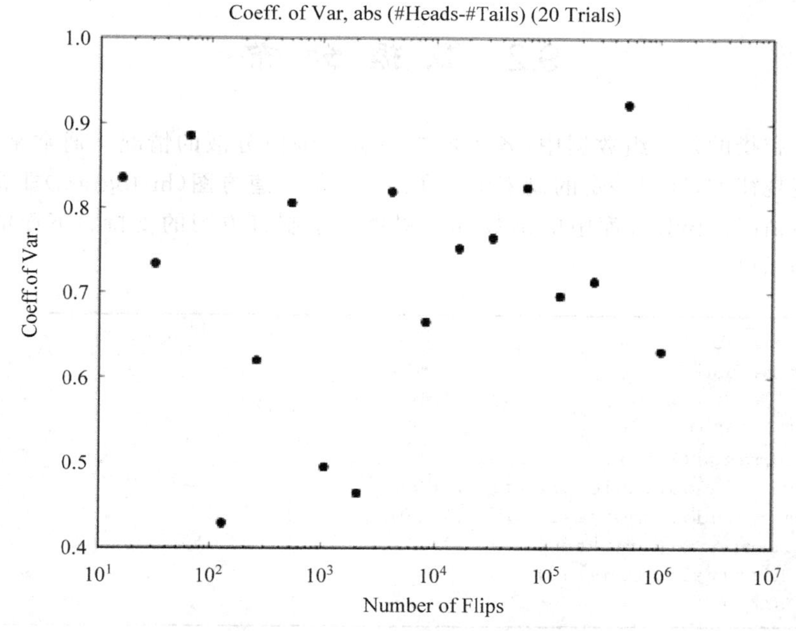

图9-7 正反面次数之差的绝对值的平均值的变异系数

比率的变异系数图。其中，正反面次数比率的变异系数与标准方差之间的差别很小。但是，与其标准方差相比，正反面次数之差的绝对值的变异系数变化很大，看起来在 0.7 附近浮动，这意味着随着抛硬币次数的增加，abs(Heads-Tails)数值的相对分散度将趋近一个常量。abs(Heads-Tails)不会增加也不会缩减，变异系数不会出现标准差那样的误导。通常，数据的变异系数小于 1，则认为这组数据的分布是低易变的。

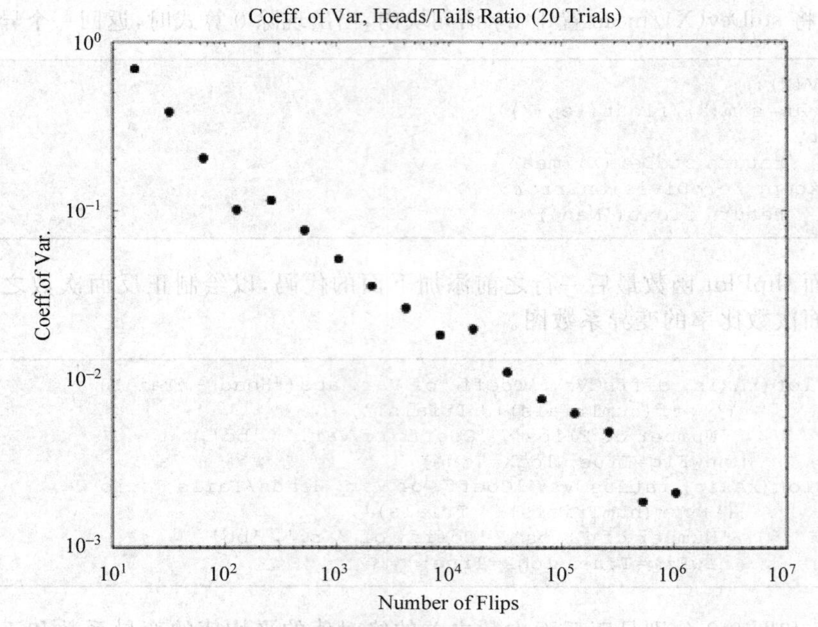

图 9-8 正反面次数比率的变异系数

9.2 数据分布

数据分布指的是一组数据中，各个数在一定范围内分散的情况。通常来说，这种分散是有一定规律的，即以一定的概率出现在某个区域。**直方图**(histogram)非常适合于刻画数据分布情况。pyLab 库中的函数 hist 提供了绘制直方图的支持。下面的代码是使用该函数的示例。

```
import pylab
import random

vals=[1, 2000]
for i in range(1000):
    num1=random.choice(range(1,1000))
    num2=random.choice(range(1,1000))
    vals.append(num1+num2)
pylab.hist(vals, bins=20)
pylab.show()
```

运行结果如图 9-9 所示。语句 pylab. hist(vals, bins=20)绘制一个直方图，将 X 轴分为 20 个区域，由 pyLab 自动确定每个区间的宽度。图中 X 轴表示 vals 的取值范围，Y 轴表示数据的个数。代码中规定了 vals 列表中最小值取 1、最大值取 2000。因此，X 轴最可能的取值在 1～2000 之间，pyLab 对 X 的取值范围进行等分，第 1 块包含[1,100)之间的数据，第 2 块包含[100,200)之间的数据，等等。因为 num1 和 num2 取值大约在 500 附近，因此两者之和集中于 1000 附近。从图中可以看到中间区间数据数量明显多于两边的数量。

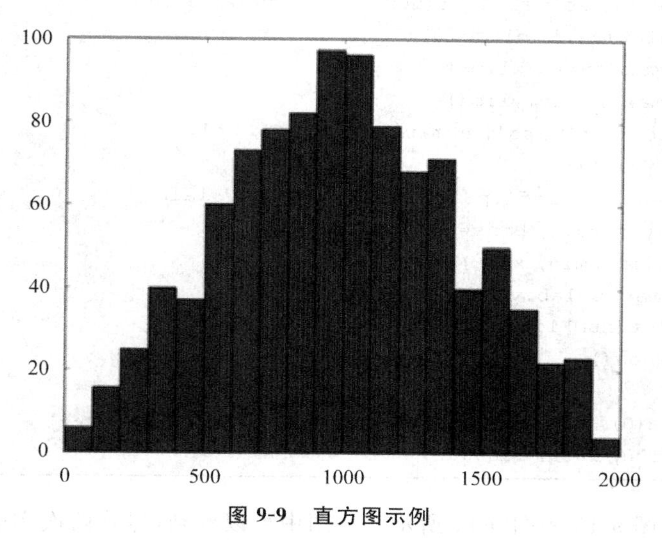

图 9-9　直方图示例

利用直方图可进一步观察抛硬币实验，程序如下。代码中用 pylab. xlim 控制 X 轴的范围，pylab. xlim()返回当前 X 轴上的最小值和最大值，而函数 pylab. xlim(low, high)用于设置 X 轴的最小值和最大值，pylab. ylim 实现类似的功能。代码中省略了前面已经列出的函数，如 flip 等。

```
import pylab
import random
def flipSim(numFlipsPerTrial, numTrials):
    fracHeads=[]
    for i in range(numTrials):
        fracHeads.append(flip(numFlipsPerTrial))
    mean=sum(fracHeads)/len(fracHeads)
    sd=stdDev(fracHeads)
return (fracHeads, mean, sd)

def labelPlot(numFlips, numTrials, mean, sd):
    pylab.title(str(numTrials)+' trials of '+str(numFlips)+
             ' flips each')
    pylab.xlabel('Fraction of Heads')
```

```
    pylab.ylabel('Number of Trials')
    xmin, xmax=pylab.xlim()
    ymin, ymax=pylab.ylim()
    pylab.text(xmin+(xmax-xmin) * 0.02, (ymax-ymin)/2,
        'Mean='+str(round(mean, 4))+'\nSD='+
        str(round(sd, 4)))
def makePlots(numFlips1, numFlips2, numTrials):
    val1, mean1, sd1=flipSim(numFlips1, numTrials)
    pylab.hist(val1, bins=20)
    xmin, xmax=pylab.xlim()
    ymin, ymax=pylab.ylim()
    labelPlot(numFlips1, numTrials, mean1, sd1)
    pylab.figure()
    val2, mean2, sd2=flipSim(numFlips2, numTrials)
    pylab.hist(val2, bins=20)
    pylab.xlim(xmin, xmax)
    ymin, ymax=pylab.ylim()
    labelPlot(numFlips2, numTrials, mean2, sd2)
    pylab.show()

random.seed(0)
makePlots(100, 1000, 100000)
```

运行结果如图 9-10 和图 9-11 所示。从图中可以看到,尽管两次实验的平均值相同,但是明显地,每次抛 1000 次硬币的实验标准方差更小,并且数据分布更紧凑。

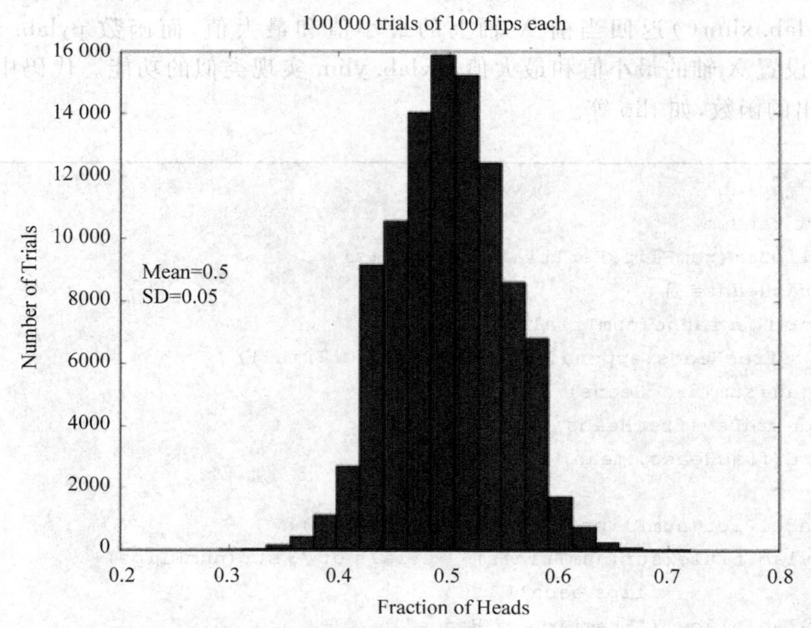

图 9-10　10 万次实验(每次抛 100 次硬币的数据分布图)

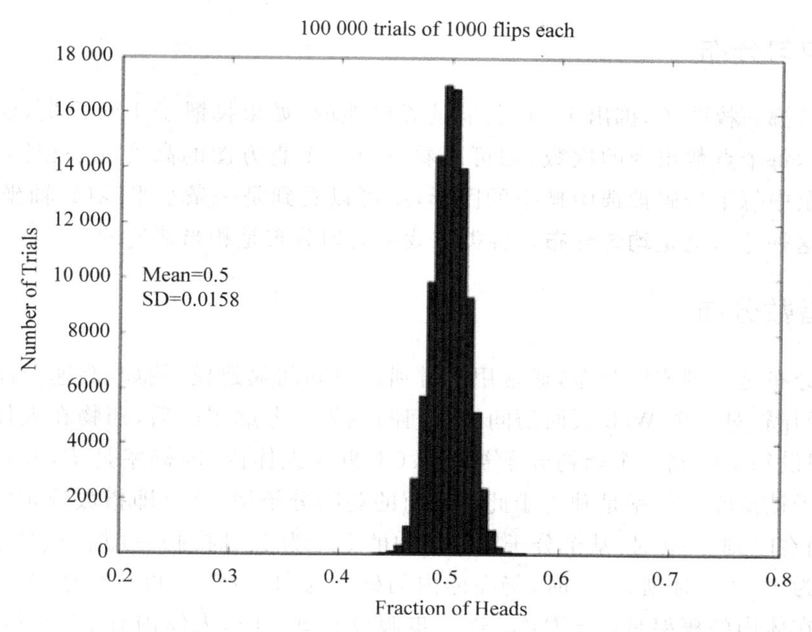

图 9-11 10 万次实验(每次抛 1000 次硬币的数据分布图)

9.3 正态分布与置信区间

到目前为止,所有直方图中数据的分布是**正态分布**,又称为**高斯分布**。呈正态分布的数据在平均值处数据成峰值,而在大于和小于平均值处对称地递减。一般正态分布可由平均值和标准方差这两个参数完全确定,即只要知道了这两个参数,就能得到整体的数据分布情况。正态分布的图形又称为**钟形曲线**。呈正态分布的数据非常常见,例如,课程的考试成绩。

正态分布通常被用来构建概率模型,原因有三点。

(1) 它有不错的数学性质。

(2) 很多自然发生的数据分布确实是接近正态的。

(3) 可以用来产生置信区间。

置信区间(Confidence interval)是对样本的某个总体参数值的区间估计,展现的是这个参数的真实值有一定概率落在测量结果的周围的程度。置信区间给出的是被测量参数的测量值的可信程度,称为**置信水平**。例如,民意调查表明,大选中某人的支持率为 52%,误差为±4%(因此,置信区间为 8),置信水平为 95%。这意味着该候选人有 95%的可能获得 48%~56%的选票,置信区间和置信水平一起保证了这个估算的可靠性。因此,置信水平是指总体参数值落在样本统计值某一区内的概率;而置信区间是指在某一置信水平下,样本统计值与总体参数值间误差范围。置信区间越大,置信水平越高。

9.3.1 均匀分布

考虑投掷一枚骰子，掷出 1～6 点都是等可能的，如果掷骰子 100 万次，建立一个直方图来显示每个点数出现的次数，则可以看到每一个直方图的高度几乎相同。又例如，绘制出彩票中每个号码被选中概率的图形，则可以看到是一条水平线（Y 轴坐标为 1/号码个数），这种分布就是**均匀分布**。各类游戏中均匀分布是相当普遍的。

9.3.2 指数分布

指数分布是一种连续分布，通常用于对到达时间间隔建模，例如，高速公路入口汽车到达时间间隔，对一个 Web 页面访问的时间间隔等。考虑服药后，药物在人体内浓度变化问题，假设每个时刻一个药物分子被清除（不再在人体内）的概率是 P，并且在每一时刻一个分子被清除的概率是独立于此刻之前的药物分子清除的（即指数分布的无记忆性特性）。则在时刻 $t=0$ 时，某个分子在人体内的概率为 1。时刻 $t=1$ 时，该分子仍在人体内的概率为 $1-P$。时刻 $t=2$ 时，仍在体内的概率为 $(1-P)^2$。更一般地，时刻 $t=k$ 时，该分子仍在体内的概率是 $(1-P)^k$。进一步假设时刻 t_0 时，人体内有 M_0 个药物分子，则在时刻 $t=k$ 时，人体内药物分子数为 $M_0\times(1-P)^k$。下面 clear 函数展现了这种现象。

```
import pylab
import random
def clear(n, p, steps):
    numRemaining=[n]
    for t in range(steps):
        numRemaining.append(n * ((1-p) ** t))
    pylab.plot(numRemaining)
    pylab.xlabel('Time')
    pylab.ylabel('Molecules Remaining')
    pylab.title('Clearance of Drug')
    pylab.show()

clear(1000, 0.01, 1000)
```

运行结果如图 9-12 所示。当对 Y 轴取对数后（在第 7 行和第 8 行间插入一句：pylab.semilogy()），得到的图如图 9-13 所示，其斜率为衰减率。

9.3.3 几何分布

几何分布是类似于指数分布的离散分布，用于描述第一次成功（失败）之前需要独立尝试的次数。例如，假设有一台破旧汽车，每次用车钥匙发动汽车只有一半的可能成功，那么几何分布就可用于描述第一次成功发动汽车之前，预期的尝试发动的次数。这可用

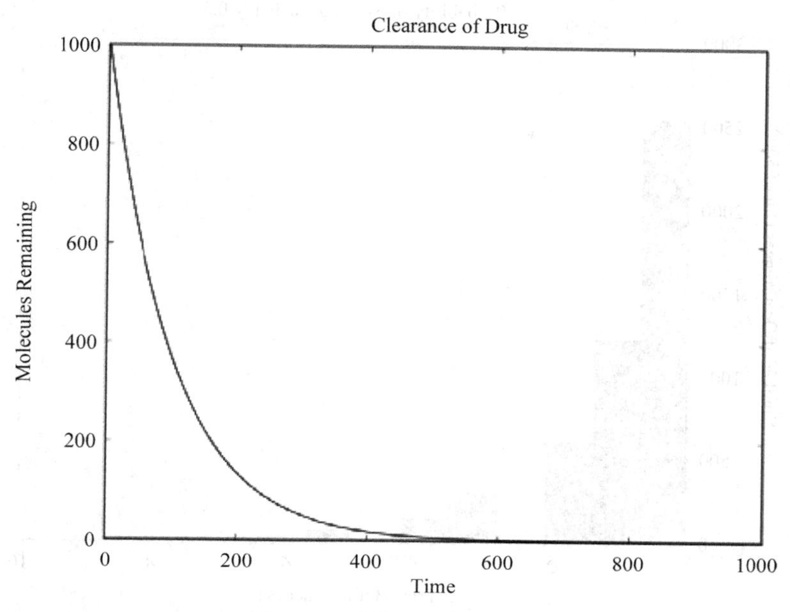

图 9-12 药物分子衰减示例

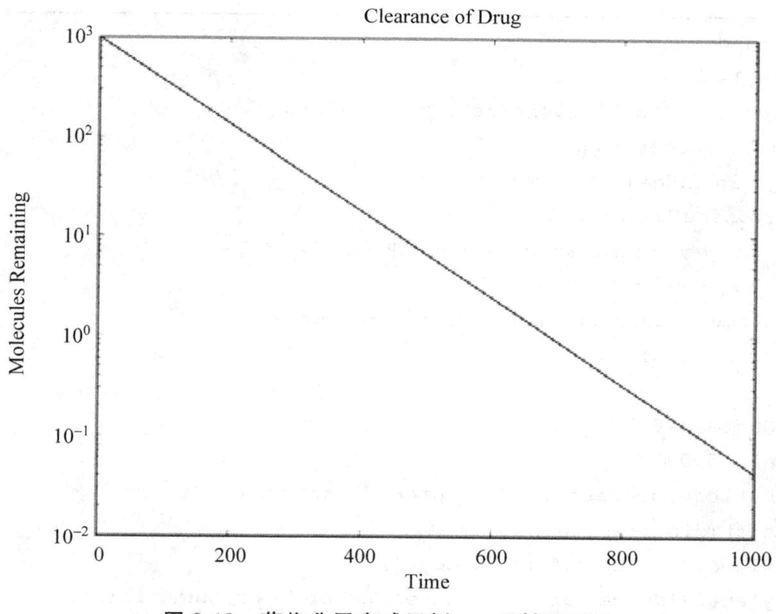

图 9-13 药物分子衰减示例——Y 轴取对数

图 9-14 所示的直方图描述,该直方图由下面的程序生成。这个直方图说明大多数情况下,只要尝试几次就能发动汽车,而直方图的长尾说明某些时候尝试发动汽车的次数可能将蓄电池都耗尽了,汽车都没被发动起来。

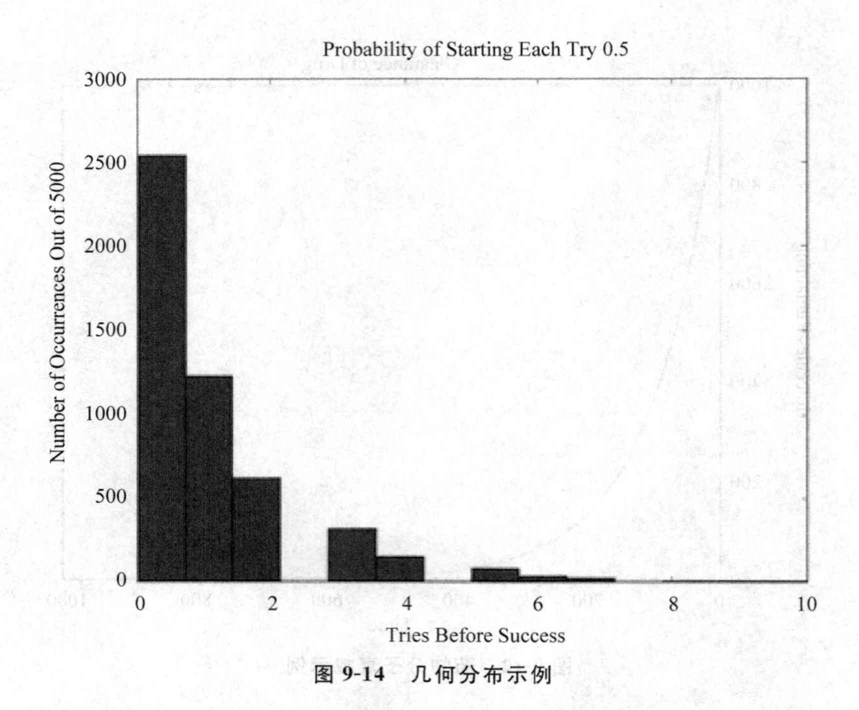

图 9-14　几何分布示例

```
import random
import pylab
def successfulStarts(eventProb, numTrials):
    timesToSuccess=[]
    for t in range(numTrials):
        consecFailures=0.0
        while random.random()>eventProb:
            consecFailures+=1
        timesToSuccess.append(consecFailures)
    return timesToSuccess

probOfSuccess=0.5
numTrials=5000
distribution=successfulStarts(probOfSuccess, numTrials)
pylab.hist(distribution, bins=14)
pylab.xlabel('Tries Before Success')
pylab.ylabel('Number of Occurrences Out of '+str(numTrials))
pylab.title('Probability of Starting Each Try '+str(probOfSuccess))
pylab.show()
```

9.3.4　Benford 分布

Benford 分布是一种非常奇怪的分布，假设 S 是一个大量十进制整数的集合，能否给出 1～9 这 9 个数字每个数字作为这些整数最高位出现的频率？大多数人的第一反应是 1/9(伪造的实验数据满足这个答案)。但是事实上不是这样的，这个频率遵循 Benford 定理，即 $P(d)=\log_{10}(1+1/d)$，其中，$P(d)$ 为数字 d 在作为第 1 个数字出现的概率，$d\notin\{0,\cdots,9\}$。斐波那契数序列就满足该定理。几乎所有诚实的财务数据都满足该定理，因此该定理常被用来侦测可能的财务欺诈。

以计算机系统中文件目录下所有文件大小值为集合，这些整数也满足 Benford 分布。下面以某计算机系统中某目录下文件为例进行演示，程序如下。实验数据是某目录下所有文件的大小，保存于 benford.txt 文件中，共 644 个文件，即集合中有 644 个数据。运行结果如图 9-15 所示，三角形为理论值，小正方形为本次实验的值，可以看到分布基本吻合理论分布。

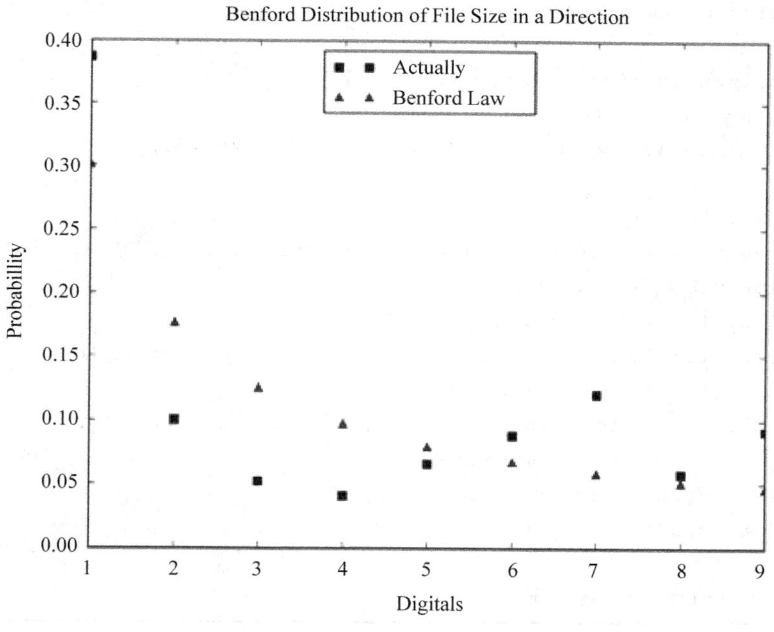

图 9-15 Benford 分布示例

```
import pylab
from math import log10

def benford(filename):
    fil=open(filename, 'r')
    digicount={1:0, 2:0, 3:0, 4:0, 5:0, 6:0, 7:0, 8:0, 9:0}
    for line in fil:
        flds=line.split()
        num=int(flds[0])
        digi=num//(10 ** (len(flds[0])-1))
```

```
        digicount[digi]+=1
    return digicount

def benfordLaw():
    digiprobLaw=[]
    for key in range(1, 10):
        digiprobLaw.append(log10(1+1/key))
    return digiprobLaw

def benfordPlot(filename):
    digiactual=benford(filename)
    digiprobActural=[]

    total=sum(digiactual.values())
    for key in range(1, 10):
        digiprobActural.append(digiactual[key]/total)

    pylab.figure(1)
    pylab.title('Benford Distribution of File Size in a Direction')
    pylab.xlabel('Digitals')
    pylab.ylabel('Probability')
    pylab.plot([i for i in range(1, 10)], digiprobActural, 'bo',
            label='Actually')
    pylab.plot([i for i in range(1, 10)], benfordLaw(), 'ro',
            label='Benford Law')
    pylab.legend(loc='upper center')
    pylab.show()

benfordPlot('benford.txt')
```

其他常见的数据分布还有泊松分布、伯努利分布等。

9.4 随机数生成

在9.3节已经学习并了解到自然界中很多现象的数据分布，那么如何产生满足各种概率分布的数据呢？Python的random库提供了很多相关的函数，可用于产生随机数和产生满足特定概率分布的数据。

(1) random.seed()：初始化随机数生成器，调用该函数使得以后每次运行产生的随机数序列是一样的，常用于调试程序。

(2) random.randrange(stop)或random.randrange(start,stop[,step])：随机返回range(start,stop,step)序列中的一个数。

(3) random.randint(a,b)：返回一个介于[a,b]之间的整数。

(4) random.choice(seq)：从序列 seq 随机选择一个元素返回。

(5) random.shuffle(x[,random])：对序列 x 进行随机排列。

(6) random.random()：用于生成一个在区间[0,1]内的随机浮点数。

(7) random.uniform(a,b)：返回一个介于[a,b](如果 a<b)或[b,a](如果 b<a)之间的随机浮点数。

(8) random.expovariate(lambd)：返回一个满足指数分布特性的随机数，参数 lambd 通常是期望平均值的倒数。如果 lambd 是正数，返回的是介于 0 到正无穷的随机数；如果 lambd 为负数，返回的是负无穷到 0 之间的随机数。

(9) random.gauss(mu,sigma)：返回满足高斯分布的随机数，参数 mu 表示平均值，sigma 表示标准方差。该函数运行效率比 normalvariate()稍快一点。

(10) random.normalvariate(mu, sigma)：返回满足正态分布的随机数，参数 mu 表示平均值，sigma 表示标准方差。

下面是几个常用 random 库函数的示例。

```
>>>import random
>>>random.random()
0.44218841223076744
>>>random.uniform(1, 10)
4.6640048423750535
>>>random.randrange(10)
8
>>>random.randrange(0, 101, 2)
66
>>>random.choice('abcdefghij')
'a'
>>>items=[1, 2, 3, 4, 5, 6, 7]
>>>random.shuffle(items)
>>>items
[7, 3, 6, 1, 5, 4, 2]
```

下面的代码利用 normalvariate 函数产生一组满足正态分布特性的数据，然后画出这组数的直方图，如图 9-16 所示。平均值和标准差参数使用了与图 9-10 相同的值，产生的数据个数为 100 000×100，与图 9-10 实验抛硬币次数相同，可将两幅图进行比较，查看真实数据与随机产生数据之间的差异。

```
import random
import pylab

data=[]
```

```
mu=0.5
sd=0.05

for i in range(0, 10000000):
    data.append(random.normalvariate(mu, sd))

pylab.hist(data, bins=20)
xmin, xmax=pylab.xlim()
ymin, ymax=pylab.ylim()
pylab.text(xmin+(xmax-xmin) * 0.02, (ymax-ymin)/2,
        'Mean='+str(mu)+'\nSD='+str(sd))
pylab.show()
```

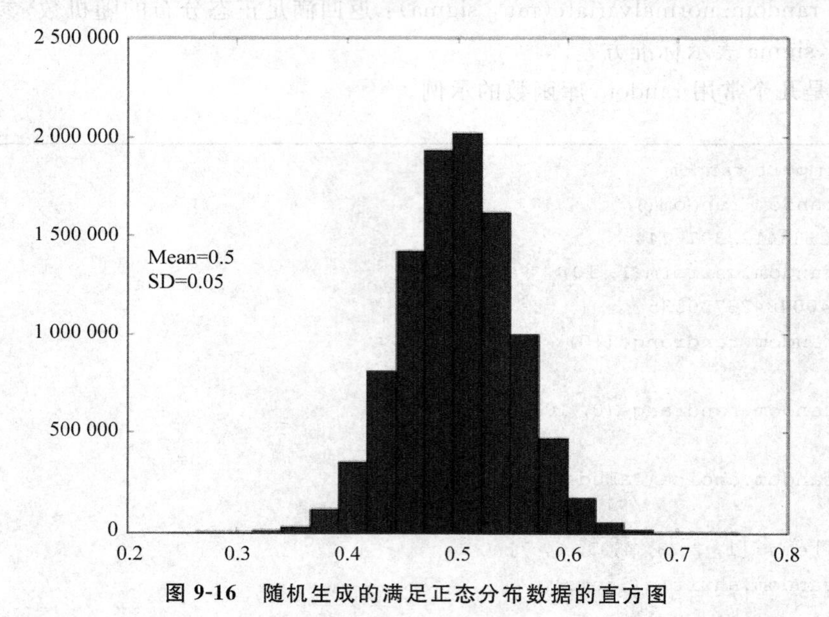

图 9-16　随机生成的满足正态分布数据的直方图

此外还有一些常用的概率分布，此处不再详细介绍，给出产生满足这些概率分布的 Python 实现，程序如下：

```
import random
import math
def bernoulliP(p):
        return random.random()<p
def bernoulli():
        return bernoulliP(0.5)
def geometric(p):
    return int(math.ceil(math.log(random.random())/math.log(1.0-p)))
```

```
def poisson(lambd):
    k=0
    p=1.0
    L=math.exp(-lambd)
    while True:
        k+=1
        p *=random.random()
        if p<L:
            break
    return k-1
def discrete(seq):
    while True:
        r=random.random()
        s=0.0
        for i in range(0, len(seq)):
            s+=seq[i]
            if(s>r):
                return i
```

相关函数说明如下。

(1) bernoulliP 和 bernoulli 产生满足 bernoulli 分布的数据,区别是一个可以指定概率 p;一个不带参数,默认概率为 0.5。

(2) geometric 产生满足几何分布的数据。

(3) poisson 产生 λ=lambd 的满足泊松分布的数据。

(4) discrete 产生满足离散分布的数据。该函数的参数为一个列表,列表中所有元素都介于[0,1),并且所有元素之和恰好等于 1。

随机数应用示例

产生满足各种概率分布的数据集在模拟现实世界各种现象时非常有用,将在后续章节中看到其应用。这里给出一个示例,利用简单的数学公式和产生的随机数绘制各种令人惊奇的图形。

迭代函数系统(Iterated Function Systems,IFS)是分形几何研究领域的重要分支和热点,其生成的图像是由许多与整体相似的或经过一定变换后与整体相似的小块拼贴而成。下面的代码利用了 tkinter 库和前面给出的 discrete 函数计算并绘制各种 IFS 图形。

```
from tkinter import *
import random
def discrete(seq):
    while True:
```

```
        r=random.random()
        s=0.0
        for i in range(0, len(seq)):
            s+=seq[i]
            if(s>r):
                return i

barnsley={'dist':[0.01, 0.85, 0.07, 0.07],
              'cx':[(0.00, 0.00, 0.500), (0.85, 0.04, 0.075),
                    (0.20, -0.26, 0.400), (-0.15, 0.28, 0.575)],
              'cy':[(0.00, 0.16, 0.000), (-0.04, 0.85, 0.180),
                    (0.23, 0.22, 0.045), (0.26, 0.24, -0.086)]}

def IFS(fig, cv, scale=200, offset=128, T=20000):
    x=0.0
    y=0.0

    dist=fig['dist']
    cx=fig['cx']
    cy=fig['cy']

    for i in range(0, T):
        r=discrete(dist)
        x0=cx[r][0] * x+cx[r][1] * y+cx[r][2]
        y0=cy[r][0] * x+cy[r][1] * y+cy[r][2]
        x=x0
        y=y0

        center=256
        xc=x * scale+offset
        yc=y * scale+offset

        if yc>center:
            yc=256-(yc -256)
        elif yc<center:
            yc=256+(256 -yc)

        cv.create_line(xc, yc, xc+1, yc, fill='black')

def drawIFS(fig):
    root=Tk()
    cv=Canvas(root,width=512, height=512, bg='white')
```

```
    cv.pack()
    IFS(fig, cv)
    root.mainloop()
```

程序的核心是字典类型的 barnsley 对象，以及 IFS 函数中的循环代码。绘制 Barnsley 羊齿叶图形的参数格式如下，可以对比上述程序中 barnsley 对象的数据定义方式，可以看到第 1 组 4 个数据对应 dist，后两组 4×3 的矩阵分别对应 cx 和 cy，每一行是一个序偶，4 个序偶构成 cx 或 cy 列表。

```
4
  0.01  0.85  0.07  0.07

4 3
  0.00  0.00  0.500
  0.85  0.04  0.075
  0.20 -0.26  0.400
 -0.15  0.28  0.575

4 3
  0.00  0.16  0.000
 -0.04  0.85  0.180
  0.23  0.22  0.045
  0.26  0.24 -0.086
```

以上述程序中 barnsley 对象的数据为例，dist 表示在计算 x 和 y 坐标时，数据被选中的概率。cx 和 cy 是在不同的概率下，对应的计算 x 和 y 坐标的系数。barnsley 共有 4 个概率值，因此对应的 cx 和 cy 各有 4 组系数，每一组分别对应概率 1%、85%、7%和 7%。这些参数的运算规则如表 9-1 所示。

表 9-1　IFS 运算规则

概率	x 坐标	y 坐标
1%	0.0 * x+0.0 * y+0.5	0.0 * x+0.16 * y+0.0
85%	0.85 * x+0.04 * y+0.075	−004 * x+0.85 * y+0.18
7%	0.2 * x −0.26 * y+0.4	0.23 * x+0.22 * y+0.045
7%	−0.15 * x+0.28 * y+0.575	0.26 * x+0.24 * y−0.086

运行该程序的命令是 drawIFS(barnsley)。运行结果如图 9-17 所示。其他 IFS 分形图形的参数在下面给出，可以根据参数自行修改本章代码查看画出的图形。

图 9-17 IFS 分形图示例——Barnsley 羊齿叶图形

1. Binary 图形

```
3
   0.3333  0.3333  0.3334
3 3
   0.5  0.0 -0.0063477
   0.5  0.0  0.4936544
   0.0 -0.5  0.9873085
3 3
   0.0  0.5 -0.0000003
   0.0  0.5 -0.0000003
   0.5  0.0  0.5063492
```

2. Culcita 图形

```
4
  0.0200 0.8400 0.0700 0.0700
4 3
   0.000  0.000  0.500
   0.850  0.020  0.075
   0.090 -0.280  0.455
  -0.090  0.280  0.545
```

```
4 3
   0.000  0.250 -0.014
  -0.020  0.830  0.110
   0.300  0.110 -0.090
   0.300  0.090 -0.080
```

3. Cyclosorus 图形

```
4
  0.02 0.84 0.07 0.07
4 3
   0.000  0.000  0.500
   0.950  0.005  0.025
   0.035 -0.200  0.474
  -0.040  0.200  0.528
4 3
   0.000  0.250 -0.040
  -0.005  0.930  0.053
   0.160  0.040 -0.078
   0.160  0.040 -0.068
```

4. Dragon 图形

```
2
   0.787473  0.212527
2 3
   0.824074  0.281482 -0.1002660
   0.088272  0.520988  0.5344000
2 3
  -0.212346  0.864198  0.0951123
  -0.463889 -0.377778  1.0415240
```

5. Fishbone 图形

```
4
  0.0200 0.8400 0.0700 0.0700
4 3
   0.000  0.000  0.500
   0.950  0.002  0.025
   0.035 -0.110  0.478
  -0.040  0.110  0.525
```

```
4 3
  0.000  0.250 -0.040
 -0.002  0.930  0.051
  0.270  0.010 -0.135
  0.270  0.010 -0.129
```

6. Floor 图形

```
3
  0.3333  0.3333  0.3334
3 3
  0.0 -0.5  0.3267634
  0.5  0.0  0.2472109
  0.0  0.5  0.6620804
3 3
  0.5  0.0  0.0866182
  0.0  0.5  0.5014877
 -0.5  0.0  0.5810401
```

7. Koch 图形

```
5
  0.151515  0.253788  0.253788  0.151515  0.189394

5 3
  0.307692 -0.000000  0.7580704
  0.192308 -0.205882  0.3349620
  0.192308  0.205882  0.4707040
  0.307692 -0.000000 -0.0674990
  0.307692 -0.000000  0.3453822
5 3
  0.000000  0.294118  0.1604278
  0.653846  0.088235  0.2709686
 -0.653846  0.088235  0.9231744
  0.000000  0.294118  0.1604278
  0.000000 -0.294118  0.2941176
```

8. Sierpinski 图形

```
3
 .33 .33 .34
```

```
3 3
  .50 .00 .00
  .50 .00 .50
  .50 .00 .25
3 3
  .00 .50 .00
  .00 .50 .00
  .00 .50 .433
```

9. Spiral 图形

```
3
   0.895652  0.052174  0.052174
3 3
   0.787879 -0.424242  0.2819252
  -0.121212  0.257576 -0.1115594
   0.181818 -0.136364  1.0177017
3 3
   0.242424  0.859848  0.0195945
   0.151515  0.053030  0.0619661
   0.090909  0.181818  0.1113490
```

10. Swirl 图形

```
2
   0.9126750  0.0873250
2 3
   0.745455 -0.459091  0.2733004
  -0.424242 -0.065152  1.0930777
2 3
   0.406061  0.887121 -0.1339233
  -0.175758 -0.218182  0.7620266
```

11. Tree 图形

```
6
   0.1  0.1  0.2  0.2  0.2  0.2
6 3
   0.00  0.00  0.550
  -0.05  0.00  0.525
```

```
  0.46 -0.15  0.270
  0.47 -0.15  0.265
  0.43  0.28  0.285
  0.42  0.26  0.290
6 3
  0.00  0.60  0.000
 -0.50  0.00  0.750
  0.39  0.38  0.105
  0.17  0.42  0.465
 -0.25  0.45  0.625
 -0.35  0.31  0.525
```

12. Zigzag 图形

```
2
  0.888128  0.111872
2 3
 -0.632407 -0.614815  1.2002857
 -0.036111  0.444444  0.7251636
2 3
 -0.545370  0.659259  0.4009171
  0.210185  0.037037  0.7279627
```

9.5 小结

本章介绍了概率和数理统计的一些基础知识,并且用计算机模拟和抛硬币实验对相关概念进行了说明和图形化的演示。这些概念将在后续章节用到。

习题

1. 列举你所知道的能用随机过程描述的现实世界事例。

2. 用 Python 编写程序,模拟同时掷 6 个骰子的过程。利用该程序,研究当掷 1 000 000 次骰子时,各点数出现的次数的分布情况,并绘图表示。

3. 阅读并修改 IFS 图形绘制程序,通过调整参数绘制本章列举的所有其他 IFS 图形。

4. 编写一个 Python 程序模拟人口增长的简单模型,该模型可以用来模拟池塘中的鱼,试管中的细菌或者任何相似的情形。假设人口范围从 0(人类灭绝)到 1(地球所能承载的最大人口数)。如果人口在 t 时为 x,可假设人口在 $t+1$ 时为 $rx(1-x)$,参数 r 表示生殖能力，用于控制人口增长率。开始时用较小的 x，如 0.01，模拟不同 r 的情况下的人口随时间变化的结果。请问当 r 是 3.5、3.8 或者 5 时会有什么结果？

5. 美国天文学家 Simon Newcomb 观察到一个奇怪的现象：一本对数表的前几页比后几页要更脏。他怀疑科学家的计算所涉及的数字最高位出现 1 的概率（大概 30%），比最高位出现 8 或 9 的概率（少于 4%）更高，这个现象称为 Benford 定律。该定律经常被用于统计学中，美国国税局检查诈骗的审计员依靠它发现了税收欺诈。请编写一个 Python 程序，要求其功能为读入一系列整数并根据数字的第一位（1～9）出现的次数，得到出现的概率，并用你的某个目录下所有文件的大小来测试 Benford 定律。也可试着用随机数生成方法，生成 1.00～1000.00 的金额，尝试欺骗美国国税局。

Benford 定律中，数据的最高位出现 1～9 的概率如表 9-2 所示（可以作为参考）。

表 9-2 概率表

1	2	3	4	5	6	7	8	9
30.1%	17.6%	12.5%	9.7%	7.9%	6.7%	5.8%	5.1%	4.6%

第 10 章 chapter 10

蒙特卡洛模拟方法

蒙特卡洛模拟是 20 世纪 40 年代中期由于科学技术的发展和电子计算机的发明而被提出的，以概率统计理论为指导的非常重要的一种数值计算方法——使用随机数(或更常见的伪随机数)来解决计算问题的方法。1949 年，由 John von Neumann、Stanislaw Ulam 和 Nicholas Metropolis 在洛斯阿拉莫斯国家实验室为核武器计划工作时发明的，使用这个名字是为了向摩纳哥公国赌场中的赌博游戏致敬(因为 Ulam 的叔叔经常在蒙特卡洛赌场输钱)。这项技术在曼哈顿工程中有效地用于预测核裂变反应期间的效应，但是直到 20 世纪 50 年代，当计算机变得更通用更强大后该方法才真正有用起来。

10.1 概　　述

一般可将蒙特卡洛模拟方法分成两类。

(1) 所求解的问题本身具有内在的随机性，借助计算机的运算能力可以直接模拟这种随机过程。例如，在核物理研究中，分析中子在反应堆中的传输过程。中子与原子核作用受到量子力学规律的制约，人们只能知道它们相互作用发生的概率，却无法准确获得中子与原子核作用时的位置以及裂变产生的新中子的行进速率和方向。科学家依据其概率进行随机抽样得到裂变位置、速度和方向，这样模拟大量中子的行为后，经过统计就能获得中子传输的范围，作为反应堆设计的依据。

(2) 所求解问题可以转化为某种随机分布的特征数，比如随机事件出现的概率，或者随机变量的期望值。通过随机抽样的方法，以随机事件出现的频率估计其概率，或者以抽样的数字特征估算随机变量的数字特征，并将其作为问题的解。这种方法多用于求解复杂的多维积分问题。假设要计算一个不规则图形的面积，那么图形的不规则程度和分析性计算(比如积分)的复杂程度是成正比的。蒙特卡洛模拟方法基于这样的思想：假想你有一袋豆子，把豆子均匀地朝这个图形上撒，然后数这个图形之中有多少颗豆子，这个豆子的数目就是图形的面积。当豆子越小，撒得越多的时候，结果就越精确。借助计算机程序可以生成大量均匀分布的坐标点，然后统计出图形内的点数，通过它们占总点数的比例和坐标点生成范围的面积就可以求出不规则图形面积。

在解决实际问题的时候应用蒙特卡洛模拟方法主要有两部分工作。

(1) 用蒙特卡洛模拟方法模拟某一过程，产生满足该随机过程概率分布的随机变量。

(2) 用统计方法把模型的数字特征估计出来，从而得到实际问题的数值解。

10.2 初探——模拟赌局

Ulam并不是第一个使用概率工具来理解游戏的可能性的数学家。概率的历史与赌博的历史是紧密相关的。不确定性使赌博成为可能。赌博的存在又促进了用数学思考不确定的发展。17世纪中期，数学家帕斯卡的一个朋友问他：打赌连续掷2个骰子24次不会出现"双6"，这个事情是否有利可图？这个问题利用概率进行分析是很容易的：

(1) 第一次掷骰子时，出现一个6的概率是1/6，所以两次都出现6的概率是1/36。

(2) 因此，第一次掷骰子不出现"双6"的概率是35/26。

(3) 所以，连续掷2个骰子24次不会出现"双6"的概率是$(35/36)^{24}$，接近0.51。也就是说，长远来看，打赌不会出现"双6"是无利可图的。

借助计算机的能力和计算思维，可以在不清楚概率理论分析方法的时候，还能对这样的问题进行研究。即利用计算思维抽象出掷骰子动作，并用计算机进行模拟，进行大量的实验，通过对数据进行统计与分析得出结论。下面是用这种方法模拟帕斯卡朋友的赌局的程序：

```
def rollDie():
    return random.choice([1, 2, 3, 4, 5, 6])
def checkPascal(numTrials):
    yes=0.0
    for i in range(numTrials):
        for j in range(24):
            d1=rollDie()
            d2=rollDie()
            if d1==6 and d2==6:
                yes+=1
                break
    print('Probability of losing='+str(1.0-yes/numTrials))
```

运行一次看到的结果如下。可以看到，即便在不会或不能进行理论分析的时候，仍能通过计算的方法对这些现象进行分析，只要模型足够精确，模拟足够充分，也能得到和理论值非常接近的结果。模拟100 000次后得到的结果与$(35/36)^{24}$相比，非常接近。

```
>>>checkPascal(100000)
Probability of losing=0.50899
>>>>>>(35/36)**24
0.5085961238690966
```

接下来看一个稍微复杂一点的掷骰子赌局，每次掷2个骰子，掷骰子的人(投手)可以选择一个过线注(pass line)或不过线注(don't pass line)。

(1) 过线注:如果第1次就掷出一个natural(7或11点),投手赢;如果掷出craps(2、3或12点),投手输;如果掷出其他的点数,这个数就作为point记录下来,投手继续掷骰子;如果投手在掷出7点之前又掷出point这个点数,投手赢,否则,投手输。

(2) 不过线注:如果第1次就掷出7或11点,投手输;如果掷出2或3点,投手赢;如果掷出12点,平局;如果掷出其他的点数,这个数就作为point记录下来,投手继续掷骰子;如果投手在掷出point点数之前掷出7点,投手赢,否则,投手输。

这两种下注方法哪个会好一些?是否都不好?当然可以用理论分析的方法计算两种下注方法的优劣,但是目前来说,更容易的方法是写一个程序来模拟这种赌局,然后看看会发生什么。

定义CrapsGame类,用来记录从游戏开始过线注和不过线注的行为。函数passResults和dpResults分别返回记录的过线注和非过线注游戏的结果数据。函数playHand模拟一局赌局游戏。所谓一局,指的是从投手掷骰子开始,到其输或赢后结束。函数内的语句是对上述赌局规则的算法性描述。注意最后一个else内的循环是对掷出point后赌局规则的描述,在掷出7点或point点数后用break语句退出循环。

```
import random
def rollDie():
    return random.choice([1, 2, 3, 4, 5, 6])
class CrapsGame(object):
    def __init__(self):
        self.passWins, self.passLosses=(0, 0)
        self.dpWins, self.dpLosses, self.dpPushes=(0, 0, 0)
    def playHand(self):
        throw=rollDie()+rollDie()
        if throw==7 or throw==11:
            self.passWins+=1
            self.dpLosses+=1
        elif throw==2 or throw==3 or throw==12:
            self.passLosses+=1
            if throw==12:
                self.dpPushes+=1
            else:
                self.dpWins+=1
        else:
            point=throw
            while True:
                throw=rollDie()+rollDie()
                if throw==point:
                    self.passWins+=1
                    self.dpLosses+=1
```

```
                break
            elif throw==7:
                self.passLosses+=1
                self.dpWins+=1
                break
    def passResults(self):
        return (self.passWins, self.passLosses)
    def dpResults(self):
        return (self.dpWins, self.dpLosses, self.dpPushes)
```

下面的程序利用上面定义的类进行赌局的模拟，具有典型的模拟程序的结构。

(1) 运行多次赌局，累计结果。handsPerTrial 指明每次赌局玩多少局，numTrials 指明玩多少次赌局。因此其内部结构是一个嵌套循环。

(2) 对每次赌局产生并保存一些统计数据。

(3) 产生并输出汇总统计数据。此处将为过线注和不过线注打印平均利润和利润的标准方差。标准方差的计算由函数 stdDev 完成。

```
def stdDev(X):
    mean=float(sum(X))/len(X)
    tot=0.0
    for x in X:
        tot+=(x-mean)**2
    return (tot/len(X))**0.5

def crapsSim(handsPerTrial, numTrials):
    hands=[]
    for t in range(numTrials):
        c=CrapsGame()
        for i in range(handsPerTrial):
            c.playHand()
        hands.append(c)
    pProfits, dpProfits=[], []
    for h in hands:
        w, l=h.passResults()
        pProfits.append((w-l)/float(handsPerTrial))
        w, l, p=h.dpResults()
        dpProfits.append((w-l)/float(handsPerTrial))
    meanProfit=str(100 * sum(pProfits)/numTrials)+'%'
    print('Pass:', 'Mean profit=', meanProfit,
          'Profit Std Dev=', round(100 * stdDev(pProfits), 6), '%')
    meanProfit=str(100 * sum(dpProfits)/numTrials)+'%'
    print('Don\'t Pass:', 'Mean profit=', meanProfit,
          'Profit Std Dev=', round(100 * stdDev(dpProfits), 6), '%')
```

每次赌局玩 100 万局，进行 10 次这样的赌局，运行该程序结果如下。注意，由于程序中使用了随机数，因此在不同机器上的运行结果可能会有偏差。

```
>>>crapsSim(100000000, 10)
Pass: Mean profit=-1.45754%Profit Std Dev=0.060181 %
Don't Pass: Mean profit=-1.3262800000000001%Profit Std Dev=0.065348 %
```

现在可以肯定地说两者都不是明智的选择，但看起来像不过线注可能会稍微不那么坏。事实上，确实是这样的。

模拟的一个重要的特征是会使人们更容易来执行“假如……将会怎么样”这样的实验。例如，假如一个玩家作弊，使用了一种骰子，使得掷出 5 比掷出 2 更容易(5 与 2 是一个骰子的对立面)，那么将会发生什么？要测试这一假设，用以下代码代替 rollDie 的实现：

```
def rollDie():
    return random.choice([1,1,2,3,3,4,4,5,5,5,6,6])
```

运行结果如下，骰子的一个小改变，对“过线注”和“不过线注”的收益产生了很大的影响，这也是赌场不允许玩家自带骰子的原因。

```
>>>crapsSim(100000000, 10)
Pass: Mean profit=6.658560000000001%Profit Std Dev=0.073507 %
Don't Pass: Mean profit=-9.43789%Profit Std Dev=0.069822 %
```

计算机模拟每次赌局玩 100 万局，共进行 10 次，花费了很多时间。如果每次赌局 1 亿次，也进行 10 次，在计算机上运行的时间将会更长，有兴趣的可以尝试一下，看看需要等多长时间才会出结果。回顾计算机问题求解的步骤，“回头看”，需要进一步思考还有没有加快模拟运行的方法？

进一步分析 crapsSim，其复杂度是 O(playHand) × handsPerTrial × numTrials。playHand 的运行时间取决于要执行多少次其内部的循环。原则上，这个循环可以被无限次地执行，因为没有规定多久会掷出 7 点或者 point 点。当然，在实践中，有理由相信它总是会停止的。对于 point 的每一种可能的取值，循环执行的次数是遵循集几何分布的。但是需要注意的是，调用 playHand 的结果并不是取决于循环要执行多少次，而是在于其到达了哪个结束条件。对于每一个可能的 point 点，在掷出 7 点前可以很轻松地计算出掷出 point 点数的概率。例如，使用 2 个骰子掷出 4 点有 3 种不同的方式：＜1,3＞、＜3,1＞和＜2,2＞。有 6 种情况可以掷出 7 点：＜1,6＞、＜6,1＞、＜2,5＞、＜5,2＞、＜3,4＞和＜4,3＞。因此，掷出 7 点退出循环比掷出 4 点退出的可能性高出 2 倍。

基于上述观察到的事实，可以预先算出掷出 7 点之前所有可能的点数出现的概率，并将这些值存起来。然后将函数内的循环——可能无限次掷骰子，替换成了对 random.random()的一次调用，以及对预先算出的概率值的比较。这样 playHand 的复杂度变成

了 $O(1)$。代码如下，pointsDict 保存了在掷出 7 点之前，掷出各点数的概率。概率的计算方法如下。

(1) 考虑赌局的规则，在掷出 7 点之前可能掷出的合法的点数有 4、5、6、8、9、10。

(2) 以掷出 4 点的概率计算为例，可知有 3 种不同的方式可掷出 4 点，即<1,3>、<3,1>和<2,2>，而有 6 种不同的方式可掷出 7 点，即<1,6>、<6,1>、<2,5>、<5,2>、<3,4>、<4,3>。

(3) 归纳起来共有 9 种不同的方式可掷出 4 点或 7 点，因此，在掷出 7 点之前掷出 4 点的概率是 3/9=1/3。

(4) 其他点数的概率依此原理可分别算出。

```
def playHand(self):
        pointsDict={4:1/3.0, 5:2/5.0, 6:5/11.0, 8:5/11.0,
                    9:2/5.0, 10:1/3.0}
        throw=rollDie()+rollDie()
        if throw==7 or throw==11:
            self.passWins+=1
            self.dpLosses+=1
        elif throw==2 or throw==3 or throw==12:
            self.passLosses+=1
            if throw==12:
                self.dpPushes+=1
            else:
                self.dpWins+=1
        else:
            if random.random()<=pointsDict[throw]:
                self.passWins+=1
                self.dpLosses+=1
            else:
                self.passLosses+=1
                self.dpWins+=1
```

这种用**查表**替代计算的技巧应用非常广泛，特别是对计算速度要求非常高的情况。查表是一种**以空间换时间**的技术。用上面 playHand 替换原来的函数，可以比较替换前后模拟所花费的时间。

10.3 计算 π

除了解决预测非确定性问题外，蒙特卡洛模拟也可用于解决自身非随机的问题，即对结果没有不确定性的问题。以 π 的计算为例。最早的关于 π 的估算大约在公元前 1650 年，那时估算出来等于 $4\times(8/9)^2=3.16$。叙拉古的阿基米德推算出了 π 的取值范围为 223/71<π<22/7,这在当时是了不起的事,同样,如果以上下界的平均值作为最佳估算,得到的结果为 3.1418。

在计算机发明之前,法国数学家 Buffon 和 Laplace 就提出了利用随机模拟估算 π 的方法。在边长为 2 的正方形中嵌入一个圆,则此圆的半径为 1(见图 10-1)。根据公式圆面积 $=\pi\times r^2$ 可知,当 $r=1$ 时,有 $\pi=$ 圆面积。那么圆的面积是什么呢? Buffon 提出可以利用向正方形内投掷大头针的方式来估算圆的面积,利用钉在圆内大头针数量和钉在正方形内的大头针数量的比率求圆面积。如果大头针的分布确实是均匀和随机的,则有:

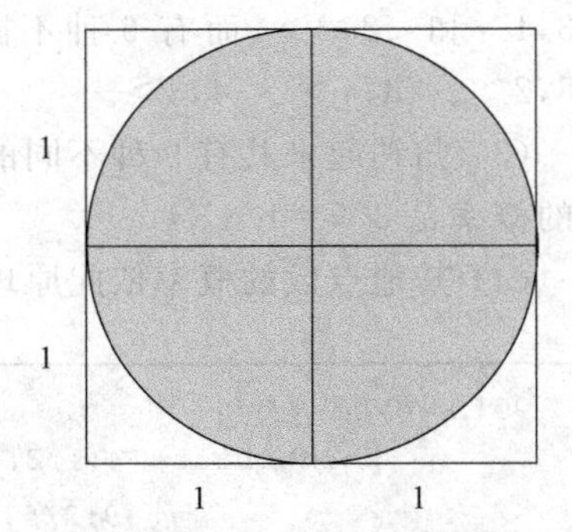

图 10-1 随机模拟法求 π 的示意图

$$\text{圆面积} = \frac{\text{正方形面积} \times \text{圆内针数}}{\text{正方形内针数}}$$

而正方形的面积等于 4,因此上述公式变成:

$$\text{圆面积} = \frac{4 \times \text{圆内针数}}{\text{正方形内针数}}$$

但是人按照这种方法去求 π 时,将碰到两个无法避免的问题:一个是大头针的位置并不是随机的;二是即便能随机投掷大头针,需要的大头针的数目会非常巨大。幸运的是,计算机非常擅长做这两件人很难完成的事。下面的代码实现了 Buffon-Laplace 求 π 的方法。throwNeedles 用于模拟掷大头针,随机产生一对随机数 x 和 y,作为大头针的坐标。然后计算坐标(x,y)对应的点与坐标原点的距离,点在圆内当且仅当距离不大于 1。函数 getEst 调用 throwNeedles 估算 π 值,并求多次实验结果的平均值。函数 estPi 用逐渐增加的大头针数量不断调用 getEst,直到返回结果有 95%的把握落在真实值的 precision 范围内。

```
import random
def throwNeedles(numNeedles):
    inCircle=0
    for Needles in range(1, numNeedles+1, 1):
        x=random.random()
        y=random.random()
        if (x*x+y*y)**0.5<=1.0:
            inCircle+=1
    return 4*(inCircle/float(numNeedles))
def getEst(numNeedles, numTrials):
    estimates=[]
    for t in range(numTrials):
        piGuess=throwNeedles(numNeedles)
        estimates.append(piGuess)
    sDev=stdDev(estimates)
    curEst=sum(estimates)/len(estimates)
```

```
        print('Est.='+str(curEst)+
              ', Std. dev.='+str(round(sDev, 6))
              +', Needles='+str(numNeedles))
        return (curEst, sDev)
def estPi(precision, numTrials):
        numNeedles=1000
        sDev=precision
        while sDev>=precision/2.0:
            curEst, sDev=getEst(numNeedles, numTrials)
            numNeedles *=2
        return curEst
```

以 estPi(0.001, 100)运行该程序,结果如下,可以看到,随着大头针数量的增加,π值会越来越精确。

```
Est.=3.147040000000002, Std. dev.=0.053472, Needles=1000
Est.=3.1399200000000014, Std. dev.=0.034783, Needles=2000
Est.=3.1401599999999985, Std. dev.=0.021721, Needles=4000
Est.=3.137994999999999, Std. dev.=0.019295, Needles=8000
Est.=3.1412025, Std. dev.=0.012165, Needles=16000
Est.=3.1415962500000005, Std. dev.=0.008576, Needles=32000
Est.=3.1418675000000014, Std. dev.=0.00704, Needles=64000
Est.=3.1412581250000007, Std. dev.=0.004844, Needles=128000
Est.=3.1419703124999994, Std. dev.=0.003474, Needles=256000
Est.=3.141038203125001, Std. dev.=0.002131, Needles=512000
Est.=3.141628632812502, Std. dev.=0.001544, Needles=1024000
Est.=3.1414417773437493, Std. dev.=0.001377, Needles=2048000
Est.=3.1414784765625, Std. dev.=0.000798, Needles=4096000
Est.=3.1416418261718753, Std. dev.=0.000568, Needles=8192000
Est.=3.141608789062498, Std. dev.=0.000361, Needles=16384000
```

10.4 游荡的醉汉

苏格兰植物学家罗伯特·布朗于1827年发现,花粉颗粒悬浮在水里,看起来在随意飘荡,而实际上是做着**布朗运动**。但是当时他并没有合理地解释这种现象,也没有尝试在数学上为其建模。直到1900年Louis Bachelier在其博士论文*The Theory of Speculation*中首次为该现象提出了一个清晰的数学模型。然而,因为这篇博士论文研究的是当时声名狼藉的金融市场问题,它在很大程度上被"可敬的学者"所忽略。5年后,年轻的阿尔伯特·爱因斯坦采用了类似的随机思维,用与Bachelier的模型几乎一样的数学模型来思考物理世界,并描述如何用该模型来确定原子的存在。出于某些原因,人们似乎认为物理学比赚钱更重要，于是这种理论开始逐渐受到世界关注。布朗运动是一种典型的**随机游走**现象，随机游走已被广泛应用于物理现象（如对流）、生物学进程（如通过DNA从异源双链核酸分子中提取出活跃的RNA），以及社会活动（如股市的波动）等问题的建模。

接下来以醉汉的游走为例来研究随机游走问题。该问题中，一个喝醉酒的农民站在一块田的正中央，每1s这个农民都会在随机的方向上走出一步。那么1000s后，他距离起点的期望距离是多少？如果他走了很多步，那么是离起点更远了，还是不断地在起点附近踱来踱去，而不会远离起点？

先简单地利用笛卡儿坐标分析一下该问题，建立感性认识。图10-2所示，假设这块田被分成了很多小方格，水平方向为x轴，纵向为y轴，每个交叉点是醉汉可能走到的位置。初始时，醉汉站在这块田正中的交叉点上，醉汉每次跨出去的一步长度恰好是小方格的边长，并且每次跨出去的方向都与x或y轴平行，即只有东、南、西、北4个方向。图10-2(a)为开始时的状态，醉汉站在正中间。图10-2(b)为跨出一步后可能的一种情况（向东）。在跨出第二步时，他有0.25的可能性回到起点（距离为0），有0.25的可能再向东走一步（距离为2），有0.25的可能向南或向北走一步（距离为$\sqrt{2}$）。因此，平均来说，两步后他将会比一步后离起点远。同样地可以分析跨出3步后，与起点间距离的可能情况。看起来跨出的步数越多，离起点的期望距离越大。至此，再往下分析对人来说就是很枯燥的事了，而计算机恰好适合完成这类分析任务。

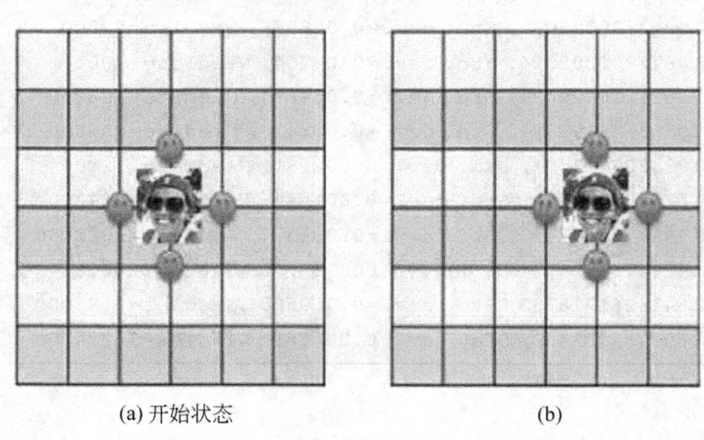

(a) 开始状态　　(b)

图 10-2　醉汉问题的示意图

此处运用面向对象程序设计技术进行建模，很明显地，有3个需要描述的对象，对应3个类：Location、Field、Drunk，分别对应问题中的对象——位置、田和醉汉。

下面是Location类的定义，非常简单，但是包含了两个很重要的设计决策。

(1) 只能处理最多2维上的模拟，例如，不能模拟海拔高度上的改变。

(2) deltaX和deltaY是浮点数而不是整数，这是放宽了醉汉游走的方向，不再是前面分析时的4个与x轴或y轴平行的方向，为将来扩展留了余量。

Location类用x和y坐标来表示一个位置。move方法以deltaX和deltaY为参数，

用加法分别修改 x 和 y 的值，以此改变位置。distFrom 方法用于计算 Location 对象自身与另一位置 other 间在笛卡儿坐标系中的距离。

```
class Location(object):
    def __init__(self, x, y):
        """x and y are floats"""
        self.x=x
        self.y=y
    def move(self, deltaX, deltaY):
        """deltaX and deltaY are floats"""
        return Location(self.x+deltaX, self.y+deltaY)
    def getX(self):
        return self.x
    def getY(self):
        return self.y
    def distFrom(self, other):
        ox=other.x
        oy=other.y
        xDist=self.x-ox
        yDist=self.y-oy
        return (xDist**2+yDist**2)**0.5
    def __str__(self):
        return '<'+str(self.x)+','+str(self.y)+'>'
```

下面是 Field 类的定义，它利用一个字典对象来容纳多个醉汉，组织形式是“醉汉对象：位置”键-值对。利用这样的键-值对将醉汉映射到位置上，同时对位置没有限制，因此，定义的田是没有边界的。addDrunk 用于在 Field 内添加醉汉，实际是添加“醉汉对象：位置”键-值对。moveDrunk 利用醉汉对象的 takeStep 方法修改相应醉汉的位置，同时对字典对象内对应的“醉汉对象：位置”键-值对进行修改。getLoc 用于返回指定醉汉的位置。Field 类对醉汉的游走方式没有约束，游走方式在相应醉汉对象的 takeStep 方法内定义。Field 对多个醉汉是否不能在同一位置上、对醉汉游走时是否不能经过其他醉汉所占有的位置等都没有限制。

```
class Field(object):
    def __init__(self):
        self.drunks={}
    def addDrunk(self, drunk, loc):
        if drunk in self.drunks:
            raise ValueError('Duplicate drunk')
        else:
            self.drunks[drunk]=loc
```

```
    def moveDrunk(self, drunk):
        if not drunk in self.drunks:
            raise ValueError('Drunk not in field')
        xDist, yDist=drunk.takeStep()
        currentLocation=self.drunks[drunk]
        self.drunks[drunk]=currentLocation.move(xDist, yDist)
    def getLoc(self, drunk):
        if not drunk in self.drunks:
            raise ValueError('Drunk not in field')
        return self.drunks[drunk]
```

下面是 Drunk 类的定义。Drunk 是一个抽象类,继承于 Drunk 定义了 UsualDrunk 类,只实现了一个方法,即 takeStep。从 stepChoice 方法看,UsualDrunk 就是前面分析的醉汉,每一步只能在东、南、西、北 4 个方向随机游走,并且每一步都是独立的,不受前面游走结果的影响。具体实现上,takeStep 在(0.0, 1.0)、(0.0,−1.0)、(1.0,0.0)、(−1.0,0.0)四个元组中随机选择一个,例如,(0.0,1.0)表示向北走一步,其他 3 个元组分别代表向南、向东和向西走一步。

```
class Drunk(object):
    def __init__(self, name):
        self.name=name
    def __str__(self):
        return 'This drunk is named '+self.name
class UsualDrunk(Drunk):
    def takeStep(self):
        stepChoices=[(0.0, 1.0), (0.0, -1.0), (1.0, 0.0), (-1.0, 0.0)]
        return random.choice(stepChoices)
```

接下来将用这些类构建一个模拟来回答最初的问题:多步游走后,醉汉距离起点的距离是多少?下面的代码实现了模拟,由 3 个函数构成。

(1) walk 函数的参数 f 是 Field 对象,d 是 Drunk 对象,numSteps 是游走的步数,walk 函数模拟并计算在田 f 上醉汉 d 游走 numSteps 步后距离起点的距离。

(2) simWalk 调用 walk 函数进行 numTrials 次模拟,每次模拟游走 numSteps 步。参数 dClass 是一个类名。

(3) drunkTest 函数调用 simWalk 进行模拟,每次模拟的游走步数不同。

```
def walk(f, d, numSteps):
    start=f.getLoc(d)
    for s in range(numSteps):
        f.moveDrunk(d)
```

```
        return start.distFrom(f.getLoc(d))
    def simWalks(numSteps, numTrials, dClass):
        homer=dClass('Homer')
        origin=Location(0.0, 0.0)
        distances=[]
        for t in range(numTrials):
            f=Field()
            f.addDrunk(homer, origin)
            distances.append(walk(f, homer, numSteps))
        return distances
    def drunkTest(numTrials, dClass):
        for numSteps in [10, 100, 1000, 10000]:
            distances=simWalks(numSteps, numTrials, dClass)
            print(dClass.__name__+' random walk of '
                  +str(numSteps)+' steps')
            print(' Mean=', sum(distances)/len(distances),
                  'CV=', CV(distances))
            print(' Max=', max(distances), 'Min=', min(distances))
```

运行该模拟程序后，可以看到，与前面的分析预测一致，与起点的平均距离随着游走步数增加而增加。

基于这个模拟，可以观察更多的随机游走方式。例如，怕冷的农夫，即便在醉酒状态下，向南移动的速度也是向其他方向移动速度的 2 倍。又例如，喜爱阳光的农夫，总是向着阳光的方向移动(早上是东边，下午是西边)。这些都称为**偏向的随机游走**，游走仍是随机的，但是对随机有一个导向性的偏好。对这两种醉汉，分别定义如下 ColdDrunk 类和 EWDrunk 类，请注意 stepChoice 的不同，体现了这两种醉汉的偏好。

```
class ColdDrunk(Drunk):
    def takeStep(self):
        stepChoices=[(0.0, 1.0), (0.0, -2.0), (1.0, 0.0), (-1.0, 0.0)]
        return random.choice(stepChoices)
class EWDrunk(Drunk):
    def takeStep(self):
        stepChoices=[(1.0, 0.0), (-1.0, 0.0)]
        return random.choice(stepChoices)
class DrunkKinds(object):
    kinds=[UsualDrunk, ColdDrunk, EWDrunk]
def simAll(numTrials):
    for dClass in DrunkKinds.kinds:
        drunkTest(numTrials, dClass)
```

运行该模拟程序查看结果，可以看出怕热的 ColdDrunk 醉汉比 UsualDrunk 和

EWDrunk 醉汉离开起点的速度更快，喜欢阳光的 EWDrunk 醉汉离起点更近。

文字的输出难以得出更多的结论，利用图形化输出更醒目。代码如下。由于将在一幅图上显示 3 种醉汉的游走特性，需要用不同的 pylab 风格来区分，包括点或线的颜色、图标、线类型（实线或虚线）等，定义 styleIterator 类来进行选择，其初始化方法的参数 styles 是一组可选的画图风格。

```
class styleIterator(object):
    def __init__(self, styles):
        self.index=0
        self.styles=styles

    def nextStyles(self):
        result=self.styles[self.index]
        if self.index==len(self.styles)-1:
            self.index=0
        else:
            self.index+=1
        return result

def simDrunk(numTrials, dClass, numStepsList):
    meanDistances=[]
    cvDistances=[]
    for numSteps in numStepsList:
        print('Starting simulation of', numSteps, 'steps')
        trials=simWalks(numSteps, numTrials, dClass)
        mean=sum(trials)/float(len(trials))
        meanDistances.append(mean)
        cvDistances.append(stdDev(trials)/mean)
    return (meanDistances, cvDistances)

def simAll(numTrials):
    numStepsList=[10, 100, 1000, 10000, 100000]
    styleChoice=styleIterator(('b-', 'r:', 'm-.'))
    for dClass in DrunkKinds.kinds:
        curStyle=styleChoice.nextStyles()
        print('Starting simulation of', dClass.__name__)
        means, cvs=simDrunk(numTrials, dClass, numStepsList)
        cvSum=0.0
        for cv in cvs:
            cvSum+=cv
        cvMean=str(round(cvSum/len(cvs), 4))
        pylab.figure(1)
```

```
        pylab.plot(numStepsList, means, curStyle, label=
                   dClass.__name__+'(CV='+cvMean+')')
    pylab.figure(1)
    pylab.title('Average Distance from Origin
                 ('+str(numTrials)+' trials)')
    pylab.xlabel('Number of Steps')
    pylab.ylabel('Distance from Origin')
    pylab.legend(loc='best')
    pylab.semilogx()
    pylab.semilogy()
    pylab.show()
```

运行 simAll(100)的结果如图 10-3 所示，可以看到，普通醉汉和喜欢阳光的醉汉游走后距离起点的距离比较接近，而怕冷醉汉虽然游走速度快 25%（平均每 4 次移动走 5 步），但其离开起点的距离增长非常快。

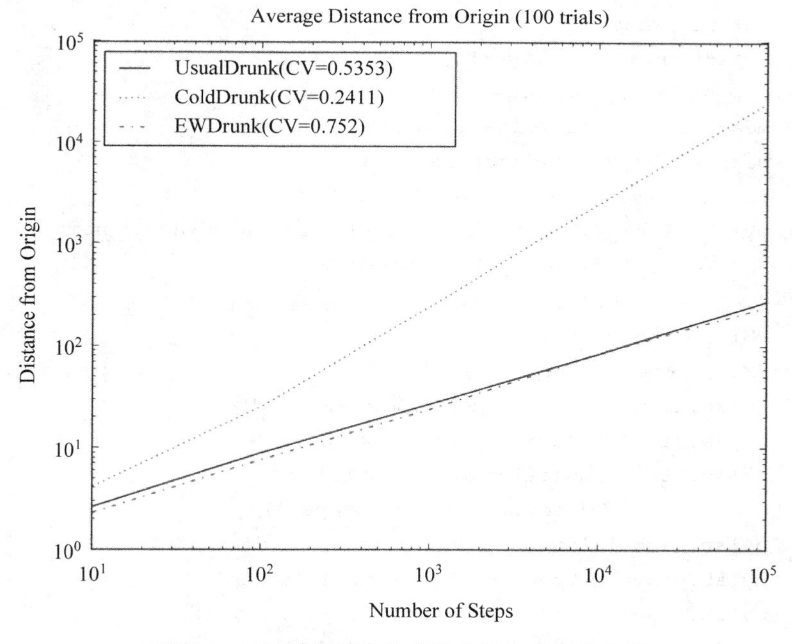

图 10-3　3 种醉汉游走后离起点距离的变化曲线

也可以产生另一种图以更深刻认识这 3 种醉汉的行为。下面的代码将每一次模拟结束时，每个醉汉所在的最终位置画出来。其中 getFinalLocs 用于获得每个醉汉在模拟结束时的停止位置坐标。

```
def getFinalLocs(numSteps, numTrials,dClass):
    locs=[]
```

```
    d=dClass('Homer')
    origin=Location(0,0)
    for t in range(numTrials):
        f=Field()
        f.addDrunk(d, origin)
        for s in range(numSteps):
            f.moveDrunk(d)
        locs.append(f.getLoc(d))
    return locs

def plotLocs(numSteps, numTrials):
    styleChoice=styleIterator(('b+', 'r^', 'mo'))
    for dClass in DrunkKinds.kinds:
        locs=getFinalLocs(numSteps, numTrials, dClass)
        xVals=[]
        yVals=[]
        for l in locs:
            xVals.append(l.getX())
            yVals.append(l.getY())
        meanX=sum(xVals)/float(len(xVals))
        meanY=sum(yVals)/float(len(yVals))
        curStyle=styleChoice.nextStyles()
        pylab.plot(xVals, yVals, curStyle, label=dClass.__name__
                  +'Ave.loc.=<'+str(meanX)+', '
                  +str(meanY)+'>')
        xMin, xMax=pylab.xlim()
        yMin, yMax=pylab.ylim()
        pylab.xlim(min(xMin, yMin), max(xMax, yMax))
        pylab.ylim(min(xMin, yMin), max(xMax, yMax))
        pylab.title('Location at End of Walks
                    ('+str(numSteps)+' steps)')
        pylab.xlabel('Steps East/West of Origin')
        pylab.ylabel('Steps North/South of Origin')
        pylab.legend(loc='lower left', numpoints=1)
    pylab.show()
```

运行 plotLocs(100,200)后结果如图 10-4 所示。以停止位置看，怕冷醉汉倾向于往南，喜欢阳光的醉汉在 x 轴上游走，而普通醉汉的行为较为混乱。图中代表喜欢阳光的醉汉的圆点比另两种图标少很多，原因是停止位置有重叠。

还可以将醉汉们游走的轨迹显示出来，进一步看看为什么怕冷醉汉比别的醉汉离起点距离更远，代码如下。traceWalk 函数实验 numSteps 步游走，并将每种醉汉的游走一步后的坐标保存下来进行跟踪。

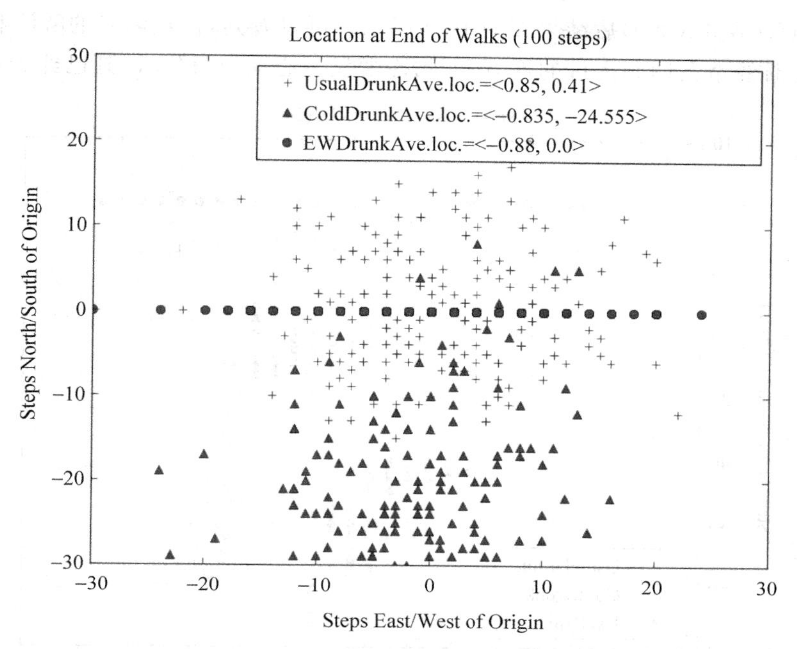

图 10-4 3 种醉汉游走停止时坐标统计

```
def traceWalk(numSteps):
    styleChoice=styleIterator(('b+', 'r^', 'mo'))
    f=Field()
    for dClass in DrunkKinds.kinds:
        d=dClass('Olga')
        f.addDrunk(d, Location(0, 0))
        locs=[]
        for s in range(numSteps):
            f.moveDrunk(d)
            locs.append(f.getLoc(d))
        xVals=[]
        yVals=[]
        for l in locs:
            xVals.append(l.getX())
            yVals.append(l.getY())
        curStyle=styleChoice.nextStyles()
        pylab.plot(xVals, yVals, curStyle, label=dClass.__name__)
        pylab.title('Spots Visited on Walk ('+
                 str(numSteps)+' steps)')
        pylab.xlabel('Steps East/West of Origin')
        pylab.ylabel('Steps North/South of Origin')
        pylab.legend(loc='best', numpoints=1)
    pylab.show()
```

运行 traceWalk(200)后结果如图 10-5 所示。可以看到,喜欢阳光的醉汉和普通醉汉在随机游走时经常会回到走过的地方,而怕冷醉汉一心向南,很少回到已经走过的地方。

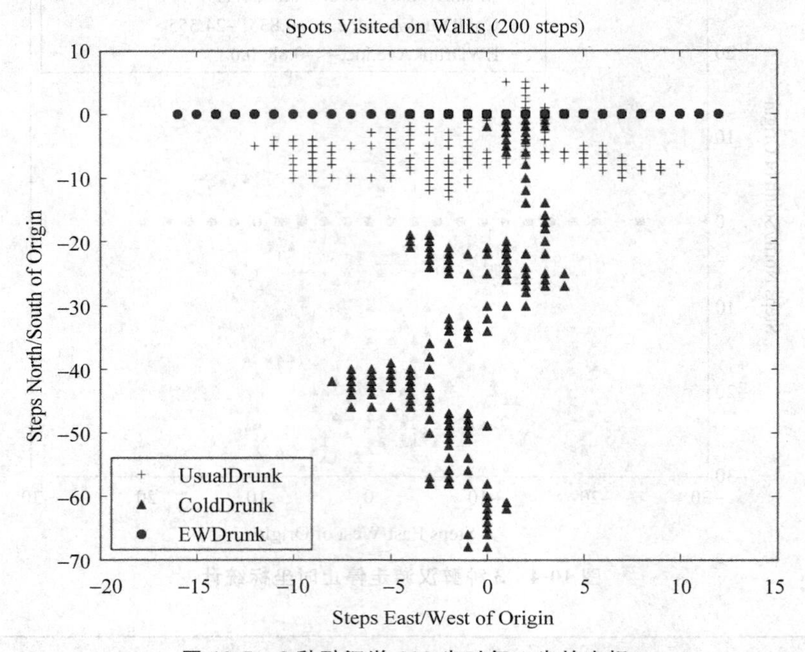

图 10-5 3 种醉汉游 200 步时每 1 步的坐标

小结:随机游走的例子体现了很多计算思维解决问题的技术。

(1) 分而治之:将问题分为几个部分,逐个解决。先是从问题的描述中挖掘出 3 个类,最后用这些类进行简单的模拟。

(2) 在设计类时,通过抽象出 Drunk 类,可以派生出不同的子类,很方便地在不修改其他代码时添加各种醉汉,这是分层抽象。

(3) 通过增量式开发,逐步添加复杂的模拟,这也是利用计算机进行模拟时的常见做法。

10.5 高手赢面就大吗

个人比赛项目中,经常会根据选手在全世界的排名来确定种子选手,该项运动项目中选手的排名从一个侧面说明了选手的水平。在比赛中,也经常看到对选手的各种统计数据,例如,网球比赛中的一发成功率、一发得分率、发球局成功率、破发率等。那么,这些数据能说明什么问题?选手的排名对比赛的结果有什么影响?这些问题同样可借助计算机模拟在一定程度上得到解答。

以**美式壁球**(Racquetball)比赛为例展示计算机模拟在回答这类问题上的能力。美式壁球是由 2 或 4 人在一个 40×20×20(单位为英尺)的封闭式场地进行,单打或双打对抗的赛局。此处以单打为例,比赛开始时,由一个选手将球发出,该选手称为**发球方**。球击中墙壁后弹回，由另一位选手击球至墙壁反弹。此后双方轮流击球，这称为一个回合。当某一方选手击球失败，则该回合结束，另一位选手赢了这个回合。如果发球方赢了一个回合，得一分；如果发球方在某个回合击球失败，则双方都不得分，而是将发球权交给对方选手。首先拿到15分的选手赢得一局，3局中赢得2局的选手赢得比赛。下面的分析中，不考虑赢得比赛的情况，只考虑选手的水平对其赢得一局的影响。

一个选手的水平用其为发球方时赢得一个回合的概率来表示，例如，如果某个选手的水平为0.6，则表示该选手作为发球方时，有60%的回合会得一分。在设计美式壁球的模拟程序时，还将看到**自顶向下**、**逐步求精**以及**分而治之**设计策略的应用。

所谓"自顶向下、逐步求精"设计策略，是指在分析问题设计解决方案时，先考虑总体，后考虑细节；先考虑全局目标，后考虑局部目标。也就是说，先设计第一层（即顶层）问题的求解方法，然后步步深入，设计一些比较粗略的子目标作为过渡，再逐层细分，直到整个问题的解可以明确地描述出来为止。

美式壁球模拟的目标是要根据选手的水平模型，分析或预测该选手赢得1局的可能性。因此，模拟的顶层设计为

得到选手A和B的水平，模拟的局数为 n； 用选手A和B的水平作为参数模拟美式壁球 n 局； 输出模拟结果，即选手A和B在 n 局中能赢的局数信息。

对应的Python程序可表达为

```
def simRacquetball():
    probA, probB, n=getInputs()
    winsA, winsB=simNGames(n, probA, probB)
    printSummary(winsA, winsB)
```

此处，simRacquetball就是顶层设计。通过上述分解，将美式壁球的模拟划分成3个独立的部分，对simRacquetball来说，并不关心getInputs等3个函数是如何工作的，它只关心每个函数能干什么。顶层设计的结构如图10-6所示，每个任务（顶层的总任务和各子任务）用一个矩形表示，连接两个矩形的直线表示完成上层矩形代表的任务会使用到下层矩形所代表的任务。箭头表示了任务之间数据的流动方向和数据的内容。在这

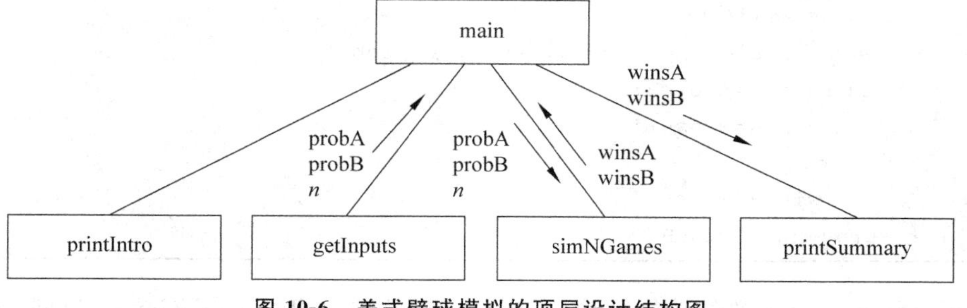

图10-6 美式壁球模拟的顶层设计结构图

一层次，3 个子任务通过对应函数提供的参数说明能干什么，至于怎么干，此时并不关心。这也是一种抽象。

接下来要做的事情就是重复上述过程，对每个子任务分而治之。如果这个子任务可以直接解决，就写出程序；如果不能直接解决，将再次对该子任务进行分解，将其划分成若干个独立的子任务。对 getInputs 函数来说，功能是从用户那里得到选手 A 和 B 的水平指标，以及模拟的局数，这是非常简单的任务，可以直接用 Python 语句描述出来：

```
def getInputs():
    a=eval(input("What is the prob. player A wins a serve? "))
    b=eval(input("What is the prob. player B wins a serve? "))
    n=eval(input("How many games to simulate? "))
    return a, b, n
```

接下来考虑 simNGames 函数，其功能是模拟 n 局比赛，对每一局比赛要跟踪选手的得分情况，以此判断选手的输赢情况。因此可将 simNGames 继续分解，划分成几个独立的子任务，此时 simNGames 就变成了一个“顶层设计”。

```
Initialize winsA and winsB to 0
    loop n times
        simulate a game
        if playerA wins
            Add one to winsA
        else
            Add one to winsB
```

对上述子任务划分，逐步用 Python 语句进行细化。前几步非常简单，涉及变量的初始化和循环语句的设计，可直接写出对应的 Python 语句。但是“simulate a game”这个任务不是一两句 Python 语句就能实现的，因此，在 simNGames 层次上可对其进行抽象，抽象为一个函数 simOneGame，参数为两位选手的水平指标。程序如下：

```
def simNGames(n, probA, probB):
    winsA=0
    winsB=0
    for i in range(n):
        scoreA, scoreB=simOneGame(probA, probB)
        if scoreA>scoreB:
            winsA=winsA+1
        else:
            winsB=winsB+1
    return winsA, winsB
```

printSummary 函数的功能是输出统计信息，这些信息由 simNGames 返回，可直接使用并输出，printSummary 函数代码如下：

```
def printSummary(winsA, winsB):
    n=winsA+winsB
    print("\nGames simulated:", n)
    print("Wins for A: {0} ({1:0.1%})".format(winsA, winsA/n))
    print("Wins for B: {0} ({1:0.1%})".format(winsB, winsB/n))
```

至此，第二层次的子任务已经全部转换为 Python 程序，此时，美式壁球模拟的第二层设计结构图如图 10-7 所示。

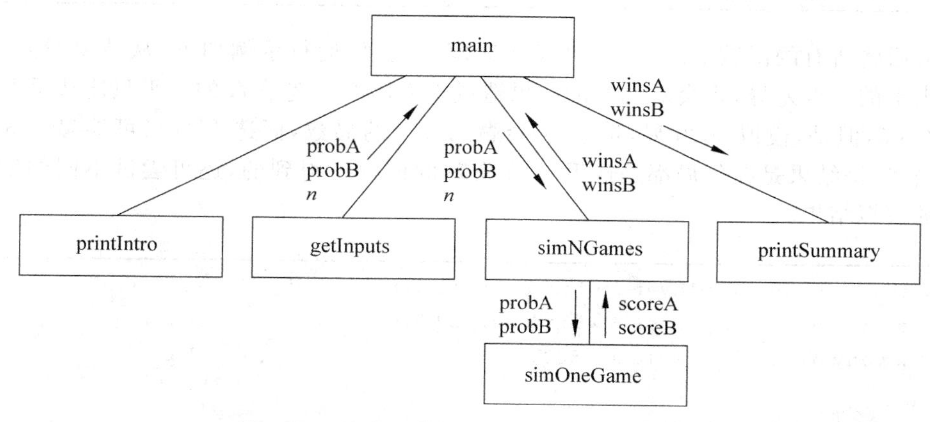

图 10-7 美式壁球模拟的第二层设计结构图

第三层上的任务有 simOneGame，对每一局的模拟，又要分解成对每一回合的模拟。每一局的模拟将持续到某个选手得 15 分为止。分解如下：

```
Initialize scores to 0
Set serving to "A"
Loop while game is not over:
    Simulate one serve of whichever player is serving
    update the status of the game
Return scores
```

经过分析，所有任务可直接转化为 Python 语句，simOneGame 代码如下：

```
def simOneGame(probA, probB):
    scoreA=0
    scoreB=0
    serving="A"
    while not (scoreA==15 or scoreB==15):
        if serving=="A":
```

```
            if random.random()<probA:
                scoreA=scoreA+1
            else:
                serving="B"
        else:
            if random.random()<probB:
                scoreB=scoreB+1
            else:
                serving="A"
    return scoreA, scoreB
```

最后将所有的函数汇总，得到美式壁球模拟程序，运行示例如下，从结果看到，选手之间水平的一点差异，将会对比赛的结果造成很大影响。选手A的水平只比选手B的水平高0.05，但是，模拟5000局，选手A会赢约2/3的局数，而选手B只可能赢1/3的局数。当然，该结果是在每局都是选手A先发球的前提下得到的，还可尝试不同的发球策略下的模拟结果。

```
What is the prob. player A wins a serve? 0.65
What is the prob. player B wins a serve? 0.6
How many games to simulate? 5000

Games simulated: 5000
Wins for A: 3310 (66.2%)
Wins for B: 1690 (33.8%)
```

小结：这个例子利用计算机模拟的方法来分析选手水平对比赛的影响，也展示了自顶向下、逐步求精、抽象、分而治之等计算思维策略的应用。

10.6 小结

科学史的大部时间中，理论家们使用数学工具来建立纯粹的分析模型，这些模型可以从对一组参数或者一组初始条件出发，预测一个系统的行为，这导致了从微积分到概率论等重要数学工具的发展。这些工具帮助数学家们合理精确地理解宏观的物质世界。但是随着20世纪科学的发展，这种做法的局限性越来越清晰。原因包括如下。

(1) 对社会科学不断增长的研究兴趣，例如经济学，迫切需要建立“好”的模型以精确描述真实系统，但是这种模型在数学上是不可处理的。

(2) 随着需要建模的系统越来越复杂，逐步完善一系列模拟模型比建立一个精确地分析模型要更容易。

(3) 从模拟中提取有用的信息比从分析模型中提取更容易，例如“假设……会怎样(what if)”测试，并且计算机的可用性使它可运行大规模模拟。

模拟通常试图建立一个实验装置，称为**模型**，模型将提供被建模系统可能行为的有用信息。模拟模型描述了系统在特定条件下如何运转，而不是如何安排条件使系统工作得最好。非常重要的是，模拟模型只是现实的近似，谁也不能保证真实系统会按照模拟模型预测的方式运转。关于这点，经常被提到的一句话是"所有模型都是错的，但有些是有用的"。

习　　题

1. 运行过线注和非过线注模拟程序优化前后的版本，根据运行结果比较两者的计算速度，并说说你的体会。

2. 什么是自顶向下设计方法？结合本章实例说明自顶向下设计过程的步骤。

3. 前面章节中，哪些案例的设计过程采用了自顶向下设计方法？请举例说明。

4. 利用自顶向下，逐步求精的设计策略，对第5章实现的Huffman编码程序进行分析，说明分解的子任务之间的关系，以及子任务与实现中各函数之间的映射关系。

5. 美式壁球模拟程序中，模拟每一局比赛的simOneGame函数，假设每局都是以选手A先发球开局。请修改该函数的代码，实现：

(1) 每局比赛都以选手B先发球开局。

(2) 每局比赛先发球的选手是随机的。

6. 醉汉游走例子中，假设醉汉每一步都会以1/4的概率移动到东、南、西或北方，并且每次移动与前一次无关。以本章程序为基础，编写一个Python程序，用户输入整数N，用蒙特卡洛模拟的方法估计一个随机移动者将移动多少步才能撞到$N\times N$正方形的边界，醉汉的起始点在正方形中心。

7. 赌场废墟问题：在赌场中，假设赌徒开始时有stake元，他的期望赢钱值是goal元，赌徒每次下注1元买大或买小，假设大和小出现的概率一样，下注过程持续到赌徒破产或赢钱直到预期的goal元。请编写一个Python程序，利用蒙特卡洛模拟在模拟T次后分析：

(1) 赌徒赢钱的可能性是多少？

(2) 平均需要下注多少次才能赢预期的钱数？

理论上，赌徒赢钱的可能性为stake/goal，需要下注的次数为stake×(goal−stake)。请将你的输出结果与理论值进行比较。

8. 以下是双骰赌博的规则。掷两个6面骰子，每个骰子的6个面分别标为1、2、3、4、5、6。x为两个骰子之和：

(1) 如果x是7或者11，你赢。

(2) 如果x是2、3或12，你输。

否则，重复投这两个骰子直到它们的和是x或者7。

(1) 如果和是x，你赢。

(2) 如果和是7，你输。

编写一个Python程序，由用户指定玩游戏的次数N，估算赢得赌博的概率。

第11章 chapter 11

数据分析概览

据统计，全世界数据的数量一直以一种难以想象的速度在增长，自20世纪80年代以来，全球数据存储容量约每三年增长一倍。但是，更多的数据并不总是带来更多有用的信息，人们对数据的处理和理解能力并不是每三年翻一倍的。因此，借助计算机的处理能力，利用计算思维，人们正试图通过统计机器学习等技术探索“大数据”的内涵。

11.1 概　　述

数据分析是指用适当的统计方法，对收集来的大量第一手资料和第二手资料进行分析，以求最大化地开发数据资料的功能，发挥数据的作用。数据分析是为了提取有用信息和形成结论，而对数据加以详细研究和概括总结的过程。数据也称为观测值，是实验、测量、观察、调查等的结果，常以数量的形式给出。数据分析的目的是把隐没在一大批看起来杂乱无章的数据中的信息集中、萃取和提炼出来，以找出所研究对象的内在规律。在实际使用中，数据分析可帮助人们做出判断，以便采取适当行动。数据分析是有目的地收集数据、分析数据，使之成为信息的过程。

数据分析的历史非常长，例如，战争中对情报的分析和敌情预判等。但是，在计算机出现之前，数据分析以人工完成为主，可以分析的数据规模和可以分析的深度都受到极大地制约。计算机应用于数据分析后，可分析的数据规模、可进行的数据分析项目、数据分析的效率等都有极大地扩展和提高。时下最火热的IT词汇“大数据”的核心技术就包括数据分析，大数据应用中要分析的数据常常是TB级别的。数据分析的应用非常广泛，有很多成功的案例。例如：

（1）洛杉矶警察局和加利福尼亚大学合作利用大数据预测犯罪的发生。

（2）Google流感趋势(Google Flu Trends)利用搜索关键词预测禽流感的散布。

（3）统计学家内特席尔瓦(Nate Silver)利用大数据预测2012美国选举结果。

（4）麻省理工学院利用手机定位数据和交通数据建立城市规划。

数据分析的数据来源有很多，如网络日志、互联网文本和文件、互联网搜索索引、呼叫详细记录、天文学、大气科学、基因组学、生物地球化学、生物、其他复杂和/或跨学科的科研、军事侦察、医疗记录、摄影档案馆视频档案等。

11.2 乳腺癌的诊断

在学术界，科学家们提供了各种各样的数据供其他研究人员使用，以期利用这些数据发现复杂难题的解决办法。这样的数据集有很多，如美国加州大学埃尔文分校的机器学习库(http://archive.ics.uci.edu/ml)，有170多个数据集，主题从文字识别到花的识别。其中有一个数据集描述的是从乳腺癌病人身上提取的肿瘤组织的属性。一般来说，每个被怀疑患上癌症的病人都会做穿刺活检——用一根针刺入肿瘤以提取一些活组织，然后由肿瘤学家对活组织进行检查，并描述活组织的各种特征。之后肿瘤学家将对肿瘤进行判断：**良性的**(benign)或**恶性的**(malignant)。恶性肿瘤是坏消息：意味着癌细胞已经扩散。而良性肿瘤意味着癌细胞还在肿瘤内部，对病人的危害较小。

在该数据集中包含了699位病人的肿瘤数据，每位病人的数据由肿瘤的9个属性构成，以及相应的最终诊断结果：良性肿瘤或恶性肿瘤，即肿瘤属性及其“答案”都包含在数据集中。数据的格式为一个病人ID号、9个肿瘤特性数据、一个最终检查结果。希望通过对这些数据的分析，找到一些模式，即当有新病人来时，能根据其肿瘤活组织的特征，预测病人的肿瘤是良性还是恶性。

从现有数据发现规律进行预测的研究领域称为**数据挖掘**(data mining)。此处创建一个**分类器**(classifier)来进行肿瘤数据的分析，分类器是一个程序，以新的数据(如新病人的肿瘤活组织特征数据)为输入，并基于以前观测到的例子，决定新数据属于哪一类。在肿瘤数据分析的问题中，以数据集中699个病人的数据为样本，将其分为两类：良性和恶性。

首先要用已有的样本对分类器进行**训练**，在训练过程中，分类器根据已知的良性和恶性诊断发现肿瘤数据模式的**内部模型**，即是什么决定着肿瘤是良性或恶性的。在发现这些模式后，需要用新样本对其进行测试，以判断分类器的精准度。实践中，通常将数据样本分成独立的两部分，大部分数据用于训练分类器，剩下的数据用于测试分类器。

此处选择一个简单的模型来构建分类器。首先对每个病人，逐个观察其肿瘤属性数据。其次，将每个病人的同一个肿瘤属性数据组合起来构成一个**决断值**，用于对病人的单个属性进行区分。例如：

(1) 假设某个肿瘤属性数据表示的是肿块密度，范围为1～10。

(2) 肿瘤厚度属性的决断值假设为7。

(3) 某个病人的肿瘤厚度大于等于7，则根据决断值，预测为恶性。

(4) 若某个病人的肿瘤厚度值小于7，则预测为良性。

训练分类值时，对肿瘤的9种属性值，构建两组平均值：第一组是训练数据中所有良性病人的每个属性值的平均值；第二组是训练数据中所有恶性病人的每个属性值的平均值。训练完成后，得到了18个平均值、9个是良性肿瘤的，9个是恶性肿瘤的。

基于训练的结果，构建分类器的方法：对每个肿瘤属性，计算该属性的良性平均值和恶性平均值的中值，该中值就是决断值，术语是**类分离值**(class separation value)。这样，分类器将包含9个区分值，每个属性1个。分类器训练过程如图11-1所示。

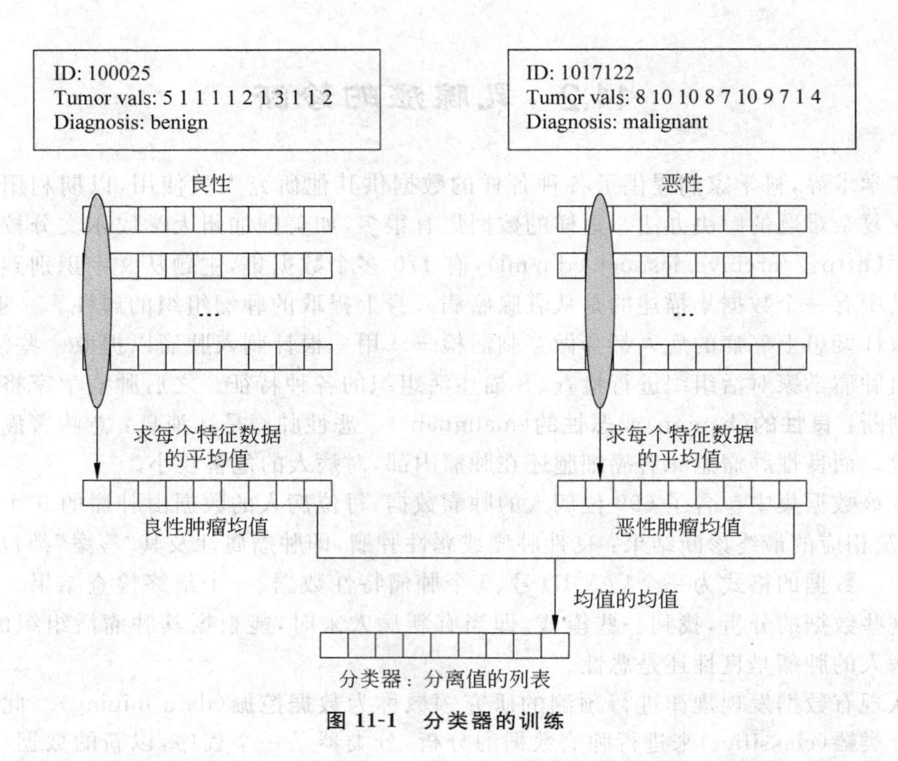

图 11-1 分类器的训练

预测时，如果病人的某个属性值小于分离值，则该属性预测为良性的，否则该属性预测为恶性的。在对病人的每个肿瘤属性值进行预测后，以预测的多数来预测肿瘤的诊断结果，即如果 9 个属性中，超过 5 个（含 5 个）属性的预测为恶性的，则肿瘤预测为恶性的。反之，如果超过 5 个（含 5 个）属性的预测为良性的，则肿瘤预测为良性的。分类器测试和预测过程如图 11-2 所示。

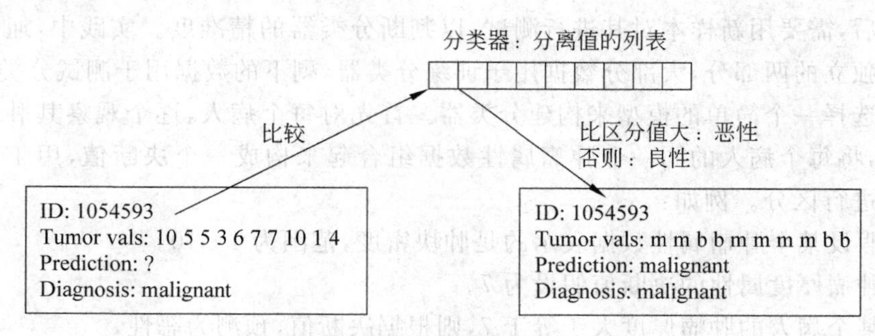

图 11-2 分类器的测试

基于上述说明，构建分类器的算法如下。

（1）从训练数据文件中创建一个训练集。

（2）用训练集中的数据为每个属性生成分离值，并创建分类器。

（3）从测试数据文件创建一个测试集。

（4）用分类器对测试数据进行分类，同时记录预测的精准度。

根据算法描述，利用“自顶向下、逐步求精”和“分而治之”策略，列出算法的顶层设计。代码中大量的print语句是为了在运行时显示执行进度，标识分类器的各阶段。

```
def make_training_set(training_file_name):
    return []
def train_classifier(training_set_list):
    return []
def make_test_set(test_file_name):
    return []
def classify_test_set_list(test_set_list, classifier_list):
    return []
def report_results(result_list):
    print("Reported the results")
def main():
print("Reading in training data…")
    training_file="fullTrainData.txt"
    training_set_list=make_data_set(training_file)
    print("Done reading training data.\n")
print("Training classifier…")
    classifier_list=train_classifier(training_set_list)
    print("Done training classifier.\n")
print("Reading in test data…")
    test_file="fullTestData.txt"
    test_set_list=make_data_set(test_file)
    print("Done reading test data.\n")
print("Classifying records…")
    result_list=classify_test_set(test_set_list, classifier_list)
    print("Done classifying.\n")
    report_results(result_list)
print("Program finished.")
```

按照算法描述列出4个阶段的操作，顶层设计中，分别设计4个函数进行对应。此时，由于算法描述的操作还不能直接用Python语句实现，用4个函数进行抽象。

（1）函数make_training_set：以文件名为参数，返回训练数据列表。

（2）函数train_classifier：以训练数据列表为参数，对分类器进行训练，返回类分离值列表。

（3）函数make_test_set：以文件名为参数，返回测试数据列表。

（4）函数classify_test_set_list：以测试数据列表和类分离值列表为参数，对分类器进行测试，返回测试结果。

此外，函数report_results用于报告分类器预测结果的精准度。

程序中用列表来组织各类数据。同时为了测试程序在顶层设计时是按照算法的4个步骤实现的，将所有定义的函数实现都实现为返回空列表。至此，顶层设计和分而治之的“分”已经完成，接下来要对各函数进行求精，并解决各划分后的问题。首先是各种数据如何表示，设计如下。

(1) training_set_list 和 test_set_list：用来组织病人的信息列表，已知每个病人的信息由 11 部分构成，因此，每个病人的信息可用元组组织。

① 第 1 维：病人 ID，字符串类型。

② 第 2 维：诊断结果，字符串类型，m 代表恶性，b 代表良性。

③ 第 3～11 维：肿瘤的 9 个属性值，整数类型。

(2) classifier_list：9 个属性的分离值，用元组表示，浮点数类型。

(3) results_list：预测结果的列表，列表中元素为元组。

① 第 1 维：病人 ID，字符串类型。

② 第 2 维：预测为恶性的属性个数，整数类型。

③ 第 3 维：预测为良性的属性个数，整数类型。

④ 第 4 维：真实的诊断结果，字符串类型（值为 m 或 b）。

```
1000025,5,1,1,1,2,1,3,1,1,2
1002945,5,4,4,5,7,10,3,2,1,2
1015425,3,1,1,1,2,2,3,1,1,2
1016277,6,8,8,1,3,4,3,7,1,2
1017023,4,1,1,3,2,1,3,1,1,2
1017122,8,10,10,8,7,10,9,7,1,4
```

图 11-3　病人信息文件示例

病人信息保存在文本文件中，如图 11-3 所示。每个病人的数据占文件的 1 行，共 11 个数据，每个数据用逗号分隔，从左至右，各数据的含义及其取值范围解释如表 11-1 所示。

表 11-1　病人信息说明

位置	数据含义	取值范围	示　例
1	病人 ID	由数字构成的字符串	1000025
2	肿瘤块密度	1～10	5
3	细胞大小均匀性	1～10	1
4	细胞形状均匀性	1～10	1
5	边缘黏连	1～10	1
6	单个上皮细胞大小	1～10	2
7	裸核	1～10	1
8	微受激染色质	1～10	3
9	正常核	1～10	1
10	有丝分裂	1～10	1
11	诊断结果	2-良性；4-恶性	2

在理解文件结构后，可以实现 make_training_set 函数，该函数的功能如下。

(1) 打开文件。

(2) 初始化 training_set_list 为空列表。

(3) 逐行读入文件数据，为每个病人创建一个元组，添加到 training_set_list 中。

（4）返回 training_set_list。

make_training_set 函数的代码如下：

```
def make_training_set(file_name):
    training_set_list=[]

    training_file=open(file_name)

    for line_str in training_file:
        line_str=line_str.strip()
        id_str,a1,a2,a3,a4,a5,a6,a7,a8,a9,diagnosis_str=line_str.split(',')
        if diagnosis_str=='4':
            diagnosis_str='m'
        else:
            diagnosis_str='b'
        patient_tuple=id_str,diagnosis_str,int(a1),int(a2),int(a3),\
            int(a4), int(a5),int(a6),int(a7),int(a8),int(a9)
        training_set_list.append(patient_tuple)
    return training_set_list
```

仔细观察 make_test_set 函数的功能，发现除了数据文件名不同外，所有的功能都和 make_training_set 一样，因此，可以在此基础上再次抽象，将 make_training_set 和 make_test_set 函数抽象成一个函数 make_data_set，实现如下：

```
def make_data_set(file_name):  #file_name is a string
    input_set_list=[]

    input_file=open(file_name)

    for line_str in input_file:
        line_str=line_str.strip()
        if '? ' in line_str:
            continue
        id_str,a1,a2,a3,a4,a5,a6,a7,a8,a9,diagnosis_str=line_str.split(',')
        if diagnosis_str=='4':
            diagnosis_str='m'
        else:
            diagnosis_str='b'  #diagnosis is "benign"
        patient_tuple=id_str,diagnosis_str,int(a1),int(a2),int(a3),\
            int(a4), int(a5),int(a6),int(a7),int(a8),int(a9)
        input_set_list.append(patient_tuple)
    return input_set_list
```

train_classifier 函数是程序的核心函数，其主要功能如下。

(1) 以训练数据集列表为参数，该列表由函数 make_data_set 函数返回。

(2) 对训练集中的每个病人数据(以元组组织)：

① 如果该病人诊断为良性的，将其每个属性数据加到对应的良性属性累加和上，同时记录良性病人数量。

② 如果该病人诊断为恶性的，将其每个属性数据加到对应的恶性属性累加和上，同时记录恶性病人数量。

③ 最后将得到 18 个属性值的累加和，9 个是良性病人的，9 个是恶性病人的，以及两种病人的数量。

(3) 对 9 个良性和 9 个恶性属性值，计算每个属性的平均值。

(4) 对每个良性和恶性的属性平均值，计算其中值，即为分离值。由这 9 个分离值构成分类器。

(5) 返回得到的分类器。

train_classifier 函数代码如下：

```
def sum_lists(list1,list2):
    sums_list=[]
    for index in range(9):
        sums_list.append(list1[index]+list2[index])
    return sums_list
def make_averages(sums_list,total_int):
    averages_list=[]
    for value_int in sums_list:
        averages_list.append(value_int/total_int)
    return averages_list
def train_classifier(training_set_list):
    benign_sums_list=[0] * 9
    benign_count=0
    malignant_sums_list=[0] * 9
    malignant_count=0
    for patient_tuple in training_set_list:
        if patient_tuple[1]=='b':
            benign_sums_list=sum_lists(benign_sums_list,
                                       patient_tuple[2:])
            benign_count+=1
        else:
            malignant_sums_list=sum_lists(malignant_sums_list,
                                          patient_tuple[2:])
            malignant_count+=1

    benign_averages_list=make_averages(benign_sums_list,benign_count)
```

```
    malignant_averages_list=make_averages(malignant_sums_list, malignant_
count)
    classifier _ list = make _ averages ( sum _ lists (benign _ averages _ list,
malignant_averages_list), 2)
    return classifier_list
```

实现时，定义了两个辅助函数：sum_lists 和 make_averages，前者对两个列表计算对应位置上元素的和，后者根据 total_int 值，对列表中元素逐个求平均值。结合 make_data_set 函数，运行示例如下：

```
>>>training_set_list=make_data_set('test_data.txt')
>>>classifier_list=train_classifier(training_set_list)
>>>for average in classifier_list:
print("{:.3f}".format(average))

5.000
4.292
3.958
4.250
3.875
5.167
4.333
3.458
1.667
```

现在要试一下分类器是否能仅根据病人肿瘤属性值正确地预测诊断结果。该测试由 classify_test_set 函数实现。该函数读入一组新数据，首先将肿瘤属性值逐项地与分离值进行比较，如果小于，则该项属性预测为良性，否则该项属性预测为恶性。然后根据恶性属性和良性属性的个数，由多数方决定最后的诊断预测。

```
def classify_test_set_list(test_set_list, classifier_list):
    result_list=[]
    for patient_tuple in test_set_list:
        benign_count=0
        malignant_count=0
        id_str, diagnosis_str=patient_tuple[:2]
      for index in range(9):
            if patient_tuple[index+2]>classifier_list[index]:
                malignant_count+=1
            else:
                benign_count+=1
```

```
        result_tuple=(id_str,benign_count,malignant_count,
                      diagnosis_str)
        result_list.append(result_tuple)
    return result_list
```

运行示例如下：

```
>>>training_set_list=make_data_set('test_data.txt')
>>>classifier_list=train_classifier(training_set_list)
>>>results_list=classify_test_set(training_set_list, classifier_list)
>>>for patient_tuple in training_set_list:
print(patient_tuple)

('1000025', 'b', 5, 1, 1, 1, 2, 1, 3, 1, 1)
('1002945', 'b', 5, 4, 4, 5, 7, 10, 3, 2, 1)
('1015425', 'b', 3, 1, 1, 1, 2, 2, 3, 1, 1)
('1016277', 'b', 6, 8, 8, 1, 3, 4, 3, 7, 1)
('1017023', 'b', 4, 1, 1, 3, 2, 1, 3, 1, 1)
('1017122', 'm', 8, 10, 10, 8, 7, 10, 9, 7, 1)
('1018099', 'b', 1, 1, 1, 1, 2, 10, 3, 1, 1)
('1018561', 'b', 2, 1, 2, 1, 2, 1, 3, 1, 1)
('1033078', 'b', 2, 1, 1, 1, 2, 1, 1, 1, 5)
('1033078', 'b', 4, 2, 1, 1, 2, 1, 2, 1, 1)
('1035283', 'b', 1, 1, 1, 1, 1, 1, 3, 1, 1)
('1036172', 'b', 2, 1, 1, 1, 2, 1, 2, 1, 1)
('1041801', 'm', 5, 3, 3, 3, 2, 3, 4, 4, 1)
('1043999', 'b', 1, 1, 1, 1, 2, 3, 3, 1, 1)
('1044572', 'm', 8, 7, 5, 10, 7, 9, 5, 5, 4)
>>>for average in classifier_list:
print("{:.3f}".format(average), end=' ')

5.000 4.292 3.958 4.250 3.875 5.167 4.333 3.458 1.667
>>>for result_tuple in results_list:
print(result_tuple)

('1000025', 9, 0, 'b')
('1002945', 5, 4, 'b')
('1015425', 9, 0, 'b')
('1016277', 5, 4, 'b')
('1017023', 9, 0, 'b')
('1017122', 1, 8, 'm')
('1018099', 8, 1, 'b')
```

```
('1018561', 9, 0, 'b')
('1033078', 8, 1, 'b')
('1033078', 9, 0, 'b')
('1035283', 9, 0, 'b')
('1036172', 9, 0, 'b')
('1041801', 8, 1, 'm')
('1043999', 9, 0, 'b')
('1044572', 0, 9, 'm')
```

注意：最后打印出来的预测结果元组中，最后一项诊断结果是真实的诊断结果，而预测的诊断结果通过元组第 2 项和第 3 项的比较可推算出来（多数原则）。看起来能正确地预测。当然此处用 test_Data.txt 中的数据进行训练，又用该数据进行预测实验，好像不能说明问题。理想情况下应该使用一组数据进行训练，然后对另一组数据进行预测测试。

在进行真正的测试之前，还有 report_results 函数需要实现。此处，只是简单地输出预测的精度，即有多少病人的预测诊断结果与真实诊断结果是一致的。代码如下：

```
def report_results(result_list):
    total_count=0
    inaccurate_count=0
    for result_tuple in result_list:
        benign_count, malignant_count, diagnosis_str=result_tuple[1:4]
        total_count+=1
        if (benign_count>malignant_count) and (diagnosis_str=='m'):
            inaccurate_count+=1
        elif diagnosis_str=='b':
            inaccurate_count+=1
    print("Of ",total_count," patients, there were ", inaccurate_count,
    "inaccuracies")
```

对乳腺癌肿瘤数据进行分析的分类器程序就完成了。最后，用真实的数据进行训练和预测实验。训练数据位于 fullTrainData.txt 中，包含 349 位病人的数据；预测实验数据位于 fullTestData.txt 中，包含 350 位病人的数据，这些数据都来自于加州大学埃尔文分校的机器学习库。

测试结果如下，可以看到，虽然是简单的模式，预测精度仍非常高。

```
>>>main()
Reading in training data…
Done reading training data.

Training classifier…
```

```
Done training classifier.

Reading in test data…
Done reading test data.

Classifying records…
Done classifying.

Of  348  patients, there were  7  inaccuracies
Program finished.
```

11.3 小 结

通过本章的介绍，展示计算思维在数据分析中的应用：将乳腺癌病人的检查结果用数据表示出来，将分类器的模式抽象成一组平均值的平均值；在抽象的基础上对大规模数据的自动化分析；“自顶向下，逐步求精”、“分而治之”策略的使用；等等。

习 题

1. 在学习完本章后，列举出数据分析技术的更多应用场景。

2. 本章中 sum_lists 函数只能处理两个 list，且每个 list 只能有 9 个元素，请修改该函数，使其能：

(1) 处理任意大小的 list。

(2) 即使两个 list 的大小不同也能处理。

(3) 使用 list comprehension 技术改写函数中列表处理的代码，用尽量少的代码实现相同的功能。

第12章 chapter 12

排队问题

12.1 排队论基础

排队是人们在日常生活和生产中经常遇到的现象。例如，上下班搭乘公共汽车；顾客到商店购买物品；病人到医院看病；旅客到售票处购买车票；学生去食堂就餐等就常常出现排队和等待现象。除了上述有形的排队之外，还有大量的所谓“无形”排队现象，如几个顾客打电话到出租汽车站要求派车，如果出租汽车站无足够车辆，则部分顾客只得在各自的要车处等待，他们分散在不同地方，却形成了一个无形队列在等待派车。排队的不一定是人，也可以是物，例如，通信卫星与地面若干待传递的信息；生产线上的原料、半成品待加工；因故障停止运转的机器等待工人修理；码头的船只等待装卸货物；要降落的飞机因跑道不空而在空中盘旋等。

上述各种问题虽互不相同，但都有要求得到某种服务的人或物和提供服务的人或机构。把要求服务的对象统称为“顾客”，把提供服务的人或机构称为“服务台”或“服务员”。不同的顾客与服务组成了各式各样的服务系统。顾客为了得到某种服务而到达系统，若不能立即获得服务而又允许排队等待，则加入等待队伍，待获得服务后离开系统。日常生活中排队和服务的类型很多，对各种排队类型进行抽象，得到排队模型。抽象时，不关心排队人的特征、服务台的功能，而只关心队列的个数、服务台的个数、服务台的服务效率、排队的人或物到达的规律等。图 12-1 展示了 3 种常见的排队模型：单队列单服务台、单队列多服务台、多队列多服务台。这些模型都可在日常生活中找到对应的实例。

面对拥挤现象，人们总是希望尽量设法减少排队，通常的做法是增加服务设施。但是增加的数量越多，人力、物力的支出就越大，甚至会出现空闲浪费，如果服务设施太少，顾客排队等待的时间就会很长，这样对顾客会带来不良影响。于是，顾客排队时间的长短与服务设施规模的大小，就构成了设计随机服务系统中的一对矛盾。如何做到既保证一定的服务质量指标，又使服务设施费用经济合理，恰当地解决顾客排队时间与服务设施费用大小这对矛盾，这就是随机服务系统理论——排队论所要研究解决的问题。

要描述一个排队系统，需要下面的要素。

(1) 系统特征和基本排队过程：实际的排队系统虽然千差万别，但都具有一些共同特征，即：

① 有请求服务的人或物——顾客。

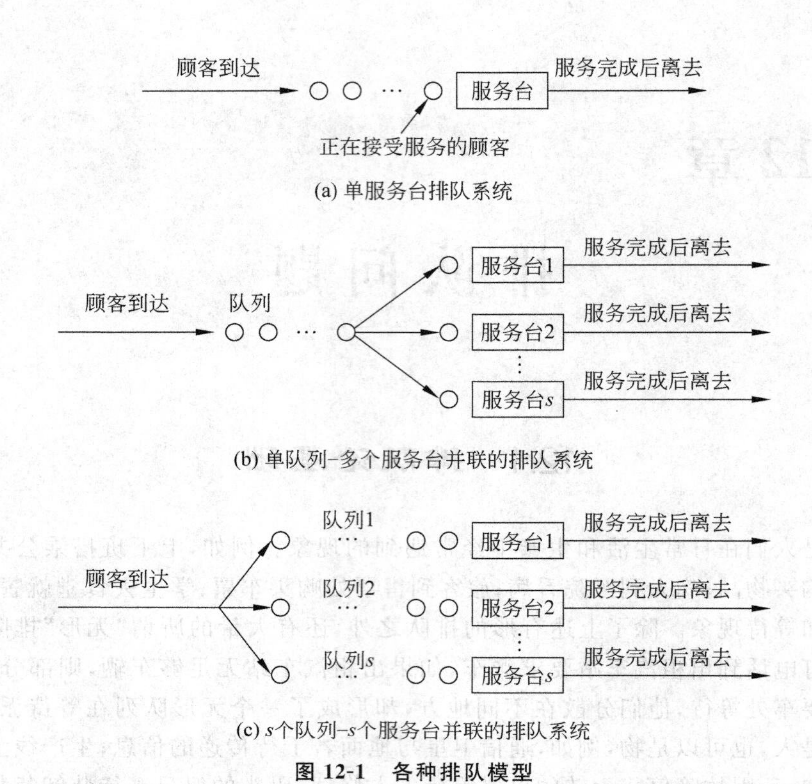

图 12-1　各种排队模型

② 有为顾客服务的人或物——服务员或服务台。

③ 顾客到达系统的时刻是随机的，为每一位顾客提供服务的时间是随机的，因而整个排队系统的状态也是随机的。排队系统的这种随机性造成某个阶段顾客排队较长，而另外一些时候服务员（台）又空闲无事。

（2）排队系统的基本组成部分：包括输入过程、服务规则和服务台 3 个组成部分。

① 输入过程：指要求服务的顾客是按怎样的规律到达排队系统的过程。通常从顾客总体数（顾客的来源，可以是无限的或有限的）、顾客到达方式（单个到达还是成批到达）、顾客流的概率分布（相继顾客到达的时间间隔的分布，即在一定的时间间隔内到达 K 个顾客（$K=1,2,\cdots$）的概率是多大）3 个方面进行描述。

② 服务规则：指服务台从队列中选取顾客进行服务的顺序。一般分为损失制（如果顾客到达排队系统时，所有服务台都已被先来的顾客占用，那么他们就自动离开系统永不再来，如打电话）、等待制（当顾客来到系统时，所有服务台都不空，顾客加入排队行列等待服务）和混合制（等待制与损失制相结合的一种服务规则，一般是指允许排队，但又不允许队列无限长下去）3 大类。

③ 服务台情况：从服务台数量及构成形式（队列与服务台的数量）、服务方式（在某一时刻接受服务的顾客数，它有单个服务和成批服务两种）和服务时间的分布（每一个顾客的服务时间，通常是一个随机变量）3 个方面进行描述。

为了区别各种排队系统，根据输入过程、排队规则和服务机制的变化对排队模型进行描述或分类，可给出很多排队模型。为了方便对众多模型的描述，肯道尔（D. G.

Kendall)提出了一种目前在排队论中被广泛采用的“Kendall 记号”,完整的表达方式通常用到 6 个符号并取如下固定格式:

$$A/B/C/D/E/F$$

各部分符号含义解释如下。

(1) A——表示顾客相继到达间隔时间分布,常用下列符号。

① M:表示到达过程为泊松过程或负指数分布。

② D:表示定长输入。

③ E_k:表示 k 阶爱尔朗分布。

④ G:表示一般相互独立的随机分布。

(2) B——表示服务时间分布,所用符号与表示顾客到达间隔时间分布相同,参考 A 的说明。

(3) C——表示服务台(员)个数:1 表示单个服务台,$s(s>1)$ 表示多个服务台。

(4) D——表示系统中顾客容量限额,或称等待空间容量;如系统有 K 个等待位子,则 $0<K<\infty$,当 $K=0$ 时,说明系统不允许等待,即为损失制。$K=\infty$时为等待制系统,此时∞ 一般省略不写。K 为有限整数时,表示为混合制系统。

(5) E——表示顾客源限额,分有限与无限两种,∞表示顾客源无限,此时一般∞也可省略不写。

(6) F——表示服务规则,常用下列符号。

① FCFS:表示先到先服务的排队规则。

② LCFS:表示后到先服务的排队规则。

③ PR:表示优先权服务的排队规则。

例如,某排队问题为 $M/M/S/\infty/\infty/$FCFS,则表示顾客到达间隔时间为负指数分布(泊松流);服务时间为负指数分布;有 $s(s>1)$ 个服务台;系统等待空间容量无限(等待制);顾客源无限,采用先到先服务规则。

本书不讨论排队论中的理论、方法,而是介绍如何将计算思维应用于排队论问题中,解决日常生活中涉及的各种与排队相关的问题。上述排队论的基础知识介绍是为了后续的讨论,接下来可利用计算机模拟来研究并解决日常生活中涉及排队的问题。

12.2 SimPy 简介

计算思维应用到排队问题中,仍是运用其本质的两个特点(抽象与自动化)于排队问题。抽象时,需要对图 12-1 中的队列、排队元素的到达状况、服务台工作情况、时间的推进等建模成计算机问题域的模型,如用队列模拟排队的队伍、用随机生成的事件模拟“顾客”的到达、用随机生成的事件模拟“服务台”对一个“顾客”服务的完成、用计数器表示时间的推进,等等。自动化则需要将这些模型编成计算机能理解的指令,实现自动执行,并能在计算机上模拟实际排队系统的运行情况,最后统计各种数据来对排队系统进行评估。

这种对排队系统的模拟称为**离散事件模拟**(Discrete-Event Simulation)。离散事件系统是指受事件(如有"顾客"到来、"服务台"完成对一个"顾客"的服务)驱动、系统状态跳跃式变化的动态系统,系统状态仅在离散的时间点上发生变化,而且这些离散时间点一般是不确定的。这类系统中引起状态变化的原因是事件,通常状态变化与事件的发生是一一对应的。事件的发生一般带有随机性,即事件的发生不是确定性的,而是遵循某种概率分布。而且事件的发生没有持续性,在一个时间点瞬间完成。

利用计算思维进行离散事件模拟时,有3种看待该问题的视角:基于活动的泛型、基于事件的泛型和基于进程的泛型。所谓基于进程的泛型,是将每个模拟的活动建模成一个进程,在离散事件模拟中,通常有两个与应用相关的进程:一个模拟"顾客"的到达;另一个模拟"服务台"。同时,还有一个通用进程来管理事件集。

SimPy库实现了基于进程的泛型的离散事件模拟支撑,在理解排队问题内涵的基础上,借助SimPy提供的支持,通过定义一些参数就可对排队问题进行建模和自动化模拟。SimPy中,有几个很重要的类,本书中只讨论两个。

(1) Process:用于模拟一个随时间变化的实体,即"顾客"。例如,一个需要使用ATM机的客户。

(2) Resource:用于模拟可排队使用的实体,即"服务台"。例如,一台ATM机。

以银行服务为例,客户的到来是随机的,当客户到达时,如果没有人排队,则直接为该客服服务,否则排队等候。通过利用SimPy对这样一个简单的场景建模,逐步介绍SimPy的特性和使用方法。

首先,假设只有一个客服,并且客户的到达时间是固定的,即一个客户进入银行,四处看看,过几分钟后离开。假设客户到达银行和在银行待的时间是固定的,如在银行开门5分钟后进入银行,10分钟后离开。运用SimPy为该情形建模的代码如下,展示了使用SimPy的方法。

(1) 第1行导入SimPy的模拟代码。

(2) 第3行定义了Customer类,它继承于Process类,该类包含一个必要的**生成器**方法,即visit方法,因为该方法中有一条**yield**语句。这样的方法在SimPy中称为**进程执行方法**(Process Execution Method,PEM)。

(3) 第4行的visit方法模拟了顾客的行为,当他进入银行时,会输出到达时间及其姓名。第5行的now函数用于返回当前的**模拟时间**。客户的姓名在第13行实例化Customer类时给定。在输出到达时间后,客户将在银行四处看看,逗留的时间为timeInBank分钟(在第10行定义),逗留的动作由第6行语句实现,请注意这是碰到的第一条SimPy特殊模拟指令。在timeInBank分钟后,继续执行第6行的语句,然后在第7行打印当前模拟时间及客户姓名。至此Customer类的定义结束。

(4) 第12行的语句初始化一个模拟系统,准备开始接收activate函数调用。第13行实例化一个Customer对象c,客户名字为Klaus。第14行激活客户Klaus,方法是调用函数activate,含义是使对象c活跃,活跃后的动作由c.visit函数完成,活跃时间从模拟开始后5分钟时开始。第15行调用simulate函数正式开始模拟,并且指定从第0分钟开始模拟到maxTime(第9行定义)分钟时结束。

```
from SimPy.Simulation import *

class Customer(Process):
    def visit(self, timeInBank):
        print("%2.1f %s  Here I am"%(now(), self.name))
        yield hold, self, timeInBank
        print("%2.1f %s  I must leave"%(now(), self.name))

maxTime=100.0
timeInBank=10.0

initialize()
c=Customer(name="Klaus")
activate(c, c.visit(timeInBank), at=5.0)
simulate(until=maxTime)
```

运行后输出如下：

```
5.0 Klaus  Here I am
15.0 Klaus  I must leave
```

示例代码的执行方式如下。

(1) 调用 simulate 函数后，就从 0 分钟开始模拟，直到 simulate 函数结束程序才结束。SimPy 此时将按照各活跃对象的活跃时刻依次运行其活跃函数。此例子中是对象 c 的 visit 方法，因为只有一个对象，因此将在模拟时刻 5 分钟时调用对象 c 的 visit 方法。

(2) 运行 visit 方法时，碰到 yield 语句，则 visit 的执行将被暂停，将开始执行 SimPy 内部函数，例如，激活其他暂停的对象开始运行。此例子中只有一个对象，因此 SimPy 将模拟时刻推进到 15 分钟，然后激活对象 c 继续运行。

(3) 从对象 c 的 visit 方法上次暂停的语句(yield hold)之后的第 1 条语句开始继续执行。

这个例子中用到了 4 个重要的 SimPy 函数和操作，总结如下。

(1) initialize()：初始化一个模拟系统。

(2) activate()：用于标识一个 Process 对象是可执行的。

(3) simulate()：开始一个模拟。

(4) yield hold：用于在一个 Process 对象内推进模拟时间。**yield** 是 Python 的操作，其后跟被调用的函数，因此 yield hold 调用的是 SimPy 提供的 hold 函数。

如果想让客户的到达时间是随机的，只需要替换掉上面代码中的几个固定时间即可。下面的代码实现了顾客的随机到达。假设到达时间的分布为指数分布，平均间隔时间为 mean 分钟，关于指数分布的讨论请参见第 9 章。random 库中的 expovariate 可以产生满足指数分布的随机数序列。这段代码与前面代码的区别在于第 16 行，产生一个随机时间，而不是固定的5分钟。

```
from SimPy.Simulation import *
from random import expovariate, seed

class Customer(Process):
    def visit(self, timeInBank):
        print("%f %s Here I am"%(now(), self.name))
        yield hold, self, timeInBank
        print("%f %s I must leave"%(now(), self.name))

maxTime=100.0
timeInBank=10.0

seed(99999)
initialize()
c=Customer(name="Klaus")
t=expovariate(1.0/5.0)
activate(c, c.visit(timeInBank), at=t)
simulate(until=maxTime)
```

代码运行的输出为

```
0.641954 Klaus Here I am
10.641954 Klaus I must leave
```

至此，可以模拟很多个随机到达的客户了，代码如下所示，假设10个客户，每个客户在银行呆12分钟。相比于前面的代码，增加了一个Source类(第4～10行)，同样继承于Process类。其PEM为generate方法(第5～10行)，参数为number(客户数)和meanTBA(客户平均到达时间)，假设到达时间满足指数分布。

```
from SimPy.Simulation import *
from random import expovariate, seed

class Source(Process):
    def generate(self, number, meanTBA):
        for i in range(number):
            c=Customer(name="Customer%02d"%(i))
            activate(c, c.visit(timeInBank=12.0))
            t=expovariate(1.0/meanTBA)
            yield hold, self, t
class Customer(Process):
```

```
    def visit(self, timeInBank=0):
        print("%7.4f %s: Here I am"%(now(), self.name))
        yield hold, self, timeInBank
        print("%7.4f %s: I must leave"%(now(), self.name))

maxNumber=10
maxTime=400.0
ARRint=10.0

seed(99999)
initialize()
s=Source(name='Source')
activate(s, s.generate(number=maxNumber, meanTBA=ARRint), at=0.0)
simulate(until=maxTime)
```

至目前为止的建模中，所有的客户进入银行后都是到处看看然后离开，与日常生活不符。实际上每个客户进入银行后都要到服务窗口办理业务，如果没人排队，则顾客的等待时间为0分钟，直接办理业务，否则要排队等候。下面的代码模拟了一个服务窗口并且服务时间随机的情况。假设10个客户，客户在银行平均停留时间为12分钟，满足指数分布。第30行创建了一个资源对象k，并将其作为一个参数传递给Source对象s创建和激活的每个客户(第34、35行)。此时，Customer类的活跃方法visit(第13～22行)使用了对象k(参数b)。

(1) 第16行的**yield request**语句：如果服务窗口b空闲，顾客将立即办理业务，并执行第17行的代码；如果服务窗口b有人正在办理业务，则SimPy将顾客在服务窗口b的队列上排队，并在该客户办理完业务后开始执行第17行的代码。

(2) 第20行的**yield hold**语句：模拟办理业务，以及办理业务的随机时间tib。

(3) 第21行的**yield release**语句：模拟了当前客户办理完业务后，离开服务窗口的行为，即释放服务窗口这个资源，供其他客户使用。

```
from SimPy.Simulation import *
from random import expovariate, seed

class Source(Process):
    def generate(self, number, meanTBA, resource):
        for i in range(number):
            c=Customer(name="Customer%02d"%(i,))
            activate(c, c.visit(b=resource))
            t=expovariate(1.0/meanTBA)
            yield hold, self, t

class Customer(Process):
```

```
    def visit(self, b):
        arrive=now()
        print("%8.4f %s: Here I am     "%(now(), self.name))
        yield request, self, b
        wait=now()-arrive
        print("%8.4f %s: Waited %6.3f"%(now(), self.name, wait))
        tib=expovariate(1.0/timeInBank)
        yield hold, self, tib
        yield release, self, b
        print("%8.4f %s: Finished      "%(now(), self.name))

maxNumber=10
maxTime=400.0
timeInBank=12.0
ARRint=10.0
theseed=99999

seed(theseed)
k=Resource(name="Counter", unitName="Clerk")

initialize()
s=Source('Source')
activate(s, s.generate(number=maxNumber, meanTBA=ARRint,
                        resource=k), at=0.0)
simulate(until=maxTime)
```

该例子用到了另外两个 SimPy 的重要操作。

(1) yield request：“顾客”在某个“服务台”的队列上排队，并在没有其他“顾客”等待时在“服务台”办理业务。

(2) yield release：表示“顾客”完成了在该“服务台”上的业务并离开了，此时，其他在排队的“顾客”可使用该“服务台”。

下面的代码模拟了银行中多个服务窗口一个队列的情形，与上一代码的唯一区别是第 32 行。

```
from SimPy.Simulation import *
from random import expovariate, seed

class Source(Process):
    def generate(self, number, meanTBA, resource):
        for i in range(number):
            c=Customer(name="Customer%02d"%(i))
```

```
            activate(c, c.visit(b=resource))
            t=expovariate(1.0/meanTBA)
            yield hold, self, t

class Customer(Process):
    def visit(self, b):
        arrive=now()
        print("%8.4f %s: Here I am     "%(now(), self.name))
        yield request, self, b
        wait=now()-arrive
        print("%8.4f %s: Waited %6.3f"%(now(), self.name, wait))
        tib=expovariate(1.0/timeInBank)
        yield hold, self, tib
        yield release, self, b
        print("%8.4f %s: Finished      "%(now(), self.name))

maxNumber=10
maxTime=400.0
timeInBank=12.0
ARRint=10.0
theseed=99999

seed(theseed)
k=Resource(capacity=2, name="Counter", unitName="Clerk")

initialize()
s=Source('Source')
activate(s, s.generate(number=maxNumber, meanTBA=ARRint,
                        resource=k), at=0.0)
simulate(until=maxTime)
```

下面的代码展示了多个服务窗口，每个服务窗口都有自己的单独队列的情形。现实中，顾客一般会选择排队人数少的队列（假设两个服务窗口办理业务的时间差别不大），因此，需要统计每个服务窗口当前等待人数和正在办理业务的人数，由第 12 行和第 13 行定义的 NoInSystem 函数实现。该函数在第 19 行被调用，用于列出每个服务窗口排队的顾客数，因此，很容易选出队列最短的服务窗口（第 22～24 行），同时输出每个服务窗口的队列状态（第 20 行）。

```
from SimPy.Simulation import *
from random import expovariate, seed

class Source(Process):
```

```
    def generate(self, number, interval, counters):
        for i in range(number):
            c=Customer(name="Customer%02d"%(i))
            activate(c, c.visit(counters))
            t=expovariate(1.0/interval)
            yield hold, self, t

def NoInSystem(R):
    return (len(R.waitQ)+len(R.activeQ))


class Customer(Process):
    def visit(self, counters):
        arrive=now()
        Qlength=[NoInSystem(counters[i]) for i in range(Nc)]
print("%7.4f %s: Here I am. %s"%(now(), self.name, Qlength))
        for i in range(Nc):
            if Qlength[i]==0 or Qlength[i]==min(Qlength):
                choice=i
                break

        yield request, self, counters[choice]
        wait=now()-arrive
        print("%7.4f %s: Waited %6.3f"%(now(), self.name, wait))
        tib=expovariate(1.0/timeInBank)
        yield hold, self, tib
        yield release, self, counters[choice]

        print("%7.4f %s: Finished"%(now(), self.name))

maxNumber=10
maxTime=400.0
timeInBank=12.0
ARRint=10.0
Nc=2
theseed=787878

seed(theseed)
kk=[Resource(name="Clerk0"), Resource(name="Clerk1")]
initialize()
s=Source('Source')
activate(s, s.generate(number=maxNumber, interval=ARRint,
                      counters=kk), at=0.0)
simulate(until=maxTime)
```

SimPy包含一个Monitor类，可以对模拟过程中的各种参数进行跟踪和记录。Monitor是一个继承于List的类。下面是使用Monitor跟踪记录银行客户平均等待时间的示例程序。第33行实例化一个Monitor对象，第37行调用activate使将wM作为参数传递进Source对象，在第8行调用Customer类的visit函数时传递进visit函数，并最终在第18行利用observe函数记录每个客户的等待时间wait。第41行利用Monitor类的方法进行简单的统计：记录wait的个数及平均等待时间。第43～46行利用不同的随机数种子多遍运行模拟并输出统计结果。

```
from SimPy.Simulation import *
from random import expovariate, seed

class Source(Process):
    def generate(self, number, interval, resource, mon):
        for i in range(number):
            c=Customer(name="Customer%02d"%(i))
            activate(c, c.visit(b=resource, M=mon))
            t=expovariate(1.0/interval)
            yield hold, self, t


class Customer(Process):
    def visit(self, b, M):
        arrive=now()
        yield request, self, b
        wait=now()-arrive
        M.observe(wait)
        tib=expovariate(1.0/timeInBank)
        yield hold, self, tib
        yield release, self, b

maxNumber=50
maxTime=2000.0
timeInBank=12.0
ARRint=10.0
Nc=2
theSeed=393939

def model(runSeed=theSeed):
    seed(runSeed)
    k=Resource(capacity=Nc, name="Clerk")
    wM=Monitor()

    initialize()
```

```
    s=Source('Source')
    activate(s, s.generate(number=maxNumber, interval=ARRint,
                          resource=k, mon=wM), at=0.0)
    simulate(until=maxTime)
    print(wM)
    return (wM.count(), wM.mean())

theseeds=[393939, 31555999, 777999555, 319999771]
for Sd in theseeds:
    result=model(Sd)
print("Average wait for %3d completions was %6.2f minutes."%result)
```

至此，利用SimPy进行排队论问题建模的基础知识介绍完毕，可以利用其解决实际生活中关于排队的问题。

12.3 需要多少小便斗

在飞机上、公共场所（如火车站）或办公室，想去洗手间时，常常需要排队。碰到这种情况时，常常会抱怨为什么不增设一些洗手设施？决定洗手间设施数量的依据是什么？什么样的配置不会让人等待呢？

我国出台的相关规定中关于卫生设备数量的规定如下。

(1)《民用建筑设计通则》GB 50352—2005规定：**卫生设备配置数量应符合专用建筑设计规范的规定，在公用厕所男女厕位比例中，应适当加大女厕位比例。**

(2)《图书馆建筑设计规范》JGJ38—99规定：**成人男厕所按每60人设大便器一具，每30人设小便斗一具；儿童男厕按每50人设大便器一具，小便器两具。**

英国健康与安全部（Health and Safety Executive，HSE）发布过一个相关的规定，如表12-1所示①。

表12-1 HSE的规定

员工数	小便斗数量	大便器数量	员工数	小便斗数量	大便器数量
1～15	1	1	61～75	3	3
16～30	1	2	76～90	3	4
31～45	2	2	91～100	4	4
46～60	2	3			

上述这些数据的依据是什么呢？所有这些问题都涉及排队，利用12.2节的知识可以对该问题进行分析和讨论。考虑办公场所的卫生设施设置问题，为了简化，只考虑男

① 来源：http://www.legislation.gov.uk/uksi/1992/3004/schedule/1/made。

性及小便斗的设置问题。利用计算思维进行分析，得到男性人数与小便斗之间的比率关系。策略上仍采用前面使用的“自顶向下，逐步求精”、“分而治之”等策略。第1步需要进行问题的抽象与建模，将不必要的因素去掉，得到可计算的模型。

首先，在办公室中的男性员工随时可去卫生间，并且每个员工去卫生间的决定是独立的，因此满足泊松分布。泊松分布适合于描述单位时间内随机事件发生的次数。而在泊松分布中，连续两次随机事件出现的时间间隔服从指数分布，即男性员工去卫生间的时间间隔满足指数分布。

其次，需要知道一天的工作时间中，每个男性员工平均需小便的次数。根据医学研究，当人的膀胱中尿液达到200ml时，将发信号提醒人要小便了[①]。又根据医学研究，成年人一天需排尿1.5L[②]，即人一天(24小时)需小便8次，或每3小时一次。按照正常的工作时间，即每天上午8:00～下午5:00，共9小时。因此，每个男性员工上班时间平均需小便3次。当然这只是一个抽象和近似估计，实际上工作时间内，中饭前后去卫生间的人比平时多。目前只讨论简单情况，更复杂的情况可用更复杂的模型来描述。

再次，将时间单位从小时打散到分钟，这意味着在工作期间的540min内，每1min都可能有男性员工要去卫生间，同时，根据假设，540min内，每个男性员工平均小便次数为3次。假设每个男性员工使用小便斗的时间是固定的——约1min。因此，两个男性员工去卫生间小便的时间间隔满足指数分布，平均时间为“540/(3×男性员工人数)”。

第2步要将该模型实现为可自动化运行的程序，与银行案例类比，可将男性员工看作是“顾客”，小便斗看作是“服务台”，当小便斗都被占用时，等待使用小便斗的员工在一个队列中排队等候。因此，可直接基于12.2节的代码进行修改，如下所示。这段代码模拟了固定员工人数(70人)和固定小便斗数量(3个)时的情形。可尝试运行simRestroom(maxNum * 3)查看Monitor对象wM跟踪记录的等候队列长度，此处用“maxNum * 3”是因为每人平均去卫生间小便3次。第37行interval为平均间隔时间，这是生成指数分布随机数列的参数(第9行)。

```
from SimPy.Simulation import *
from random import expovariate, seed

class Source(Process):
    def generate(self, number, interval, resource, mon):
        for i in range(number):
            c=maleEmployee(name="Employee%02d"%(i))
            activate(c, c.visit(b=resource, M=mon))
            t=expovariate(1.0/interval)
```

① Culley C. Carson Ⅲ and Tracy Irons-Georges, eds., Magill's Medical Guide, vol. 3 (Englewood Cliffs, NJ: Salem, 1998)。

② “Water: How much should you drink every day?” Mayo Clinic(http://www.mayoclinic.com/health/water/NU00283)。

```
        yield hold, self, t

class maleEmployee(Process):
    def visit(self, b, M):
        arrive=now()
        yield request, self, b
        M.observe(len(b.waitQ))
        tib=timeInToilet
        yield hold, self, tib
        yield release, self, b

maxNumber=70
maxTime=540.0
timeInToilet=1.0
numUrinals=3
runSeed=9999

def simRestroom(numPopulation):

    seed(runSeed)

    k=Resource(capacity=numUrinals, name="Clerk")
    wM=Monitor()

    initialize()
    s=Source('Source')
    activate(s, s.generate(number=numPopulation,
             interval=maxTime/numPopulation,
             resource=k, mon=wM), at=0.0)
    simulate(until=maxTime)

    print(wM)
```

接下来，对 Monitor 类型对象 wM 的数据进行进一步处理，使得其更聚焦和直观。添加函数 monitorStat，并对 simRestroom 进行修改，代码如下。经过 monitorStat 的处理，对返回的每一记录时刻的等候队列长度，求其最大值（maxLen）、中位数[①]（medianLen）和平均值（meanLen）。其中，第 2～4 行从 Monitor 对象 monitor 中取出每个记录时刻的等候队列长度，第 5 行和第 7 行分别计算最大值和平均值，第 9～14 行计算

① 中位数是指将统计总体当中的各个变量值按大小顺序排列起来，形成一个数列，处于变量数列中间位置的变量值就称为中位数。当变量值的项数 N 为奇数时，处于中间位置的变量值即为中位数；当 N 为偶数时，中位数则为处于中间位置的两个变量值的平均数。中位数是以它在所有标志值中所处的位置确定的全体单位标志值的代表值，不受分布数列的极大或极小值影响，从而在一定程度上提高了中位数对分布数列的代表性。

中位数，利用了 sorted 函数对列表进行排序。最后返回计算出来的 3 个值。

```
def monitorStat(monitor):
    moniteRes=[]
    for index in range(0, len(monitor)):
        moniteRes.append(monitor[index][1])
    maxLen=max(moniteRes)

    meanLen=sum(moniteRes)/len(moniteRes)

    sortedMoniteRes=sorted(moniteRes)
    if len(sortedMoniteRes)%2==0:
        medianLen=(sortedMoniteRes[len(sortedMoniteRes)//2]+\
                  sortedMoniteRes[(len(sortedMoniteRes)//2)+1])/2
    else:
        medianLen=sortedMoniteRes[(len(sortedMoniteRes)//2)+1]

    return maxLen, medianLen, meanLen


def simRestroom(numPopulation):

    seed(runSeed)

    k=Resource(capacity=numUrinals, name="Clerk")
    wM=Monitor()

    initialize()
    s=Source('Source')
    activate(s, s.generate(number=numPopulation,
                           interval=maxTime/numPopulation,
                           resource=k, mon=wM),
          at=0.0)
    simulate(until=maxTime)

    return monitorStat(wM)
```

利用蒙特卡洛模拟方法，可以以各种参数进行模拟，得到每次模拟的数据后进行图形化输出。下面的代码固定小便斗的个数，而对男性员工人数进行变化，观察不同员工人数时，等候队列的变化情况。第 10 行开始，人数从 10 人到 maxNumber，每次增加 10 人，进行模拟。第 18～23 行开始，对每种男性员工人数，进行 Trials 次模拟，统计各种数据。第 25～27 行分别取每次模拟的等候队列长度的最大值、中位数和平均值的平均值，作为该男性员工数量的等候队列的最大值、中位数和平均值。第 29～41 行对 3 种数据进行图形化输出。

```
Trials=10
maxNumber=500

def simPlot():

    numPopList=[]
    maxPlotList=[]
    medianPlotList=[]
    meanPlotList=[]
    for numPopulation in range(10, maxNumber+10, 10):

        numPopList.append(numPopulation)

        print("Population=", numPopulation)
        maxLenSum=0.0
        medianLenSum=0.0
        meanLenSum=0.0
        for numTrials in range(0, Trials):
            maxLen, medianLen, meanLen=simRestroom(numPopulation * 3)

            maxLenSum+=maxLen
            medianLenSum+=medianLen
            meanLenSum+=meanLen

        maxPlotList.append(int(maxLenSum/Trials))
        medianPlotList.append(medianLenSum/Trials)
        meanPlotList.append(meanLenSum/Trials)

    pylab.figure(1)
    pylab.xlim(0, maxNumber+10)
    pylab.ylim(-1, max(maxPlotList)+1)
    pylab.xticks([x for x in range(10, maxNumber+10, 20)])
    pylab.yticks([y for y in range(-1, max(maxPlotList)+1, 1)])

    pylab.plot(numPopList, maxPlotList, 'bx', label='Max')
    pylab.plot(numPopList, medianPlotList, 'r^', label='Median')
    pylab.plot(numPopList, meanPlotList, 'g*', label='Mean')
    pylab.xlabel('#of Population')
    pylab.ylabel('Length of waiting queue')
    pylab.legend(loc='best', numpoints=1)
    pylab.show()
```

运行 simPlot()后输出如图 12-2 所示，图中有些人数(10～60 人)的 3 种值画出来后重叠了，所以图中只能看到一种图标。与我国的相关规定和英国 HSE 发布的数据相比，可以看到基本吻合。进一步分析，例如，虽然 70 个男性员工时，等候队列的最大值是一人，看起来好像 3 个小便斗不能满足要求，总会有人等候。但是，当画出其直方图时可以看到，等候队列长度为 1 时的情况非常少见。

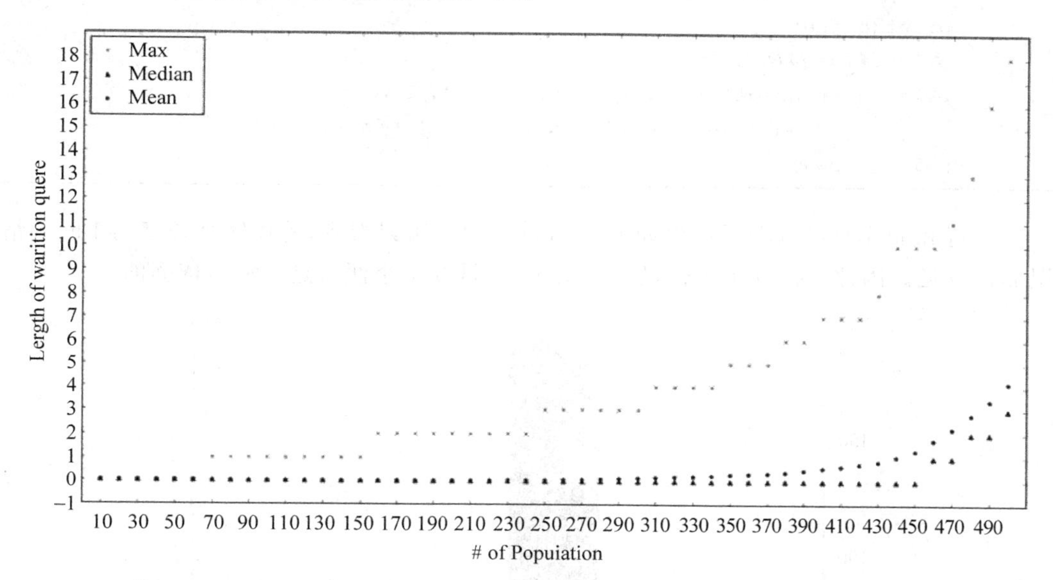

图 12-2　不同员工数、3 个小便斗时等候队列长度的最大值、中位数和平均值

画直方图的代码示例如下，其中 ARRint＝540/210，是产生指数分布数列的参数。

```
maxNumber=210
maxTime=540.0
numUrinals=3
ARRint=2.57
theSeed=9999

def model(runSeed=theSeed):
    seed(runSeed)
    k=Resource(capacity=numUrinals, name="Clerk")
    wM=Monitor()

    initialize()
    s=Source('Source')
    activate(s, s.generate(number=maxNumber, interval=ARRint,
                           resource=k, mon=wM), at=0.0)
```

```
    simulate(until=maxTime)

    queueLen=[]
    for index in range(0, len(wM)):
        queueLen.append(wM[index][1])
    print(queueLen)
    pylab.figure()
    pylab.hist(queueLen, bins=6, range=(-1, 2),
               histtype='stepfilled', align='left')
    pylab.show()
```

运行 model(theSeed)后产生如图 12-3 的输出。可以看到,等候队列长度为 1 时的情况非常少见。因此,对 70 个男性员工的情况,安排 3 个小便斗是有科学依据的。

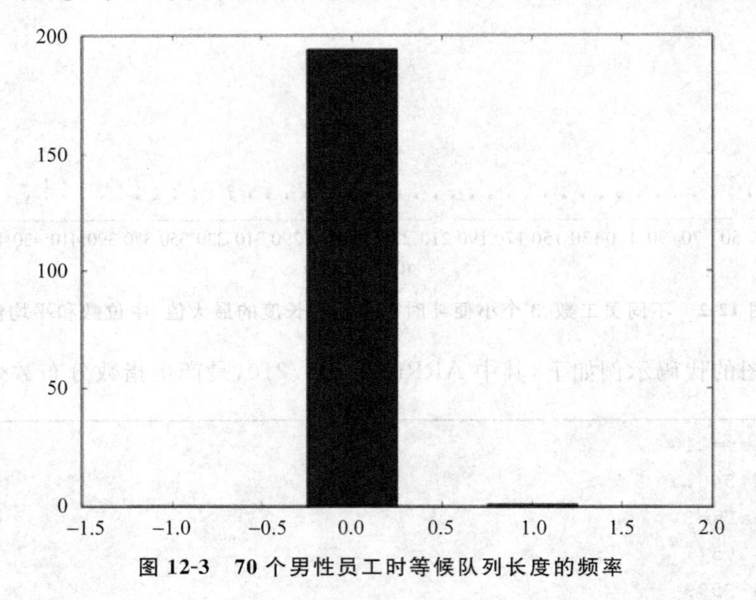

图 12-3 70 个男性员工时等候队列长度的频率

从图 12-2 可以看出,随着人数的增加,如果还是 3 个小便斗,则等候队列的最大值将增加到 18 人。利用此处介绍的方法,还可进一步分析不同的人数时,需安排几个小便斗才能让等候队列长度变得可容忍等问题。

12.4 小 结

本章结合排队论和对排队问题的模拟,基于 SimPy 库,利用计算思维来展现其在理解人类行为方面的作用。同时,也展现了利用计算研究排队论的方法,得到的结果与理论值也非常接近。通过本章的学习,必须掌握排队论的基础知识、计算思维在理解人类行为方面的作用以及应用的方法,能解决较为简单的排队问题。

习 题

1. 请简述排队论的主要思想和原理，描述各种排队论模型及其参数的含义。

2. 对本章给出的各种排队论模型，请列举日常生活中对应的案例。

3. 请结合计算思维的核心思想，简述本章中如何利用计算思维来研究排队问题，有哪些关键步骤？

4. 本章案例程序只能处理使用小便池固定时间的情况，若使用小便池的时间不定，每个人使用的时间可以是1s、2s、3s，随机选择一个使用时间，请修改程序，使其能处理这种情况。

5. 利用本章所学技术解决以下问题：一个诊所只有一个医生，病人到来的时间是随机的，从早上九点开始，服从一个时间参数为10min(分钟)的泊松过程，即每个人到来的时间服从独立同分布的指数分布，其期望为10min，病人到来之后，下一个病人到来的时间服从独立同分布的指数分布，期望为10min。当一个病人到来以后，将等待直到医生有空。每个医生在每个病人上花费的时间是一个随机变量，在5～10min之间均匀分布。诊所从下午4点不再接受新病人，最后一个病人走后，诊所关门。

(1) 模拟一天的病人到来和医生接诊情况，有多少个病人来诊所看病？其中有多少病人需要等待医生？平均等待时间是多少？

(2) 模拟100天的情况，给出上面各个数值的分布。